雷與電

雷與電

天氣的過去、現在與未來

蘿倫・芮德妮斯 圖／文　　　陳錦慧 譯

獻給
J & S & T

「我正想聊聊天氣化解尷尬，她開口說話了。」

——佩勒姆・伍德豪斯（P. G. Wodehouse），
《伍斯特守則》（*Code of the Woosters*）

CONTENTS

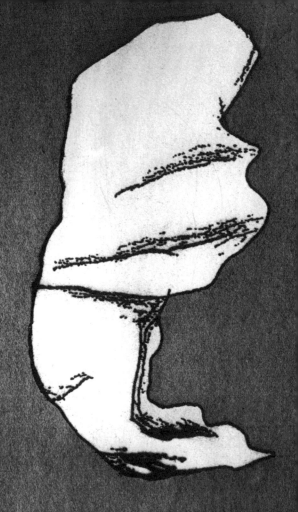

第一章　　混亂 ………………… 11
第二章　　低溫 ………………… 17
第三章　　雨 …………………… 37
第四章　　霧 …………………… 57
第五章　　風 …………………… 79
第六章　　高溫 ………………… 99
第七章　　天空 ………………… 121
第八章　　主控權 ……………… 139
第九章　　戰爭 ………………… 163
第十章　　利益 ………………… 183
第十一章　玩樂 ………………… 197
第十二章　預報 ………………… 215
附註 …………………………… 247

第一章
混亂

「它曾經很美，寧靜又安詳，

坐落在這片小小高原上，

居高臨下。

只要轉身放眼遠眺，

就能看見群山將它環抱。

花朵、灌木叢、矮樹林：

是一座風光旖旎的墓園。」

蘇・弗盧埃琳（Sue Flewelling）是佛蒙特州羅徹斯特市伍德朗墓園園長。

　　「如今被掘出那個大洞，整座墓園看上去就像強姦案被害人。這樣比喻或許太過直白，但這就是它現在給人的感覺。當然，修復並不難，可惜傷疤永遠抹不掉。」

　　二〇一一年八月底，艾琳颶風（Hurricane Irene）在加勒比海地區成形，起初是狹長型的低氣壓，亦稱「熱帶波」（tropical wave）。雲層與雷雨產生了，風勢隨之增強，蓄積成風暴，八月二十日侵襲聖克魯斯島。艾琳在溫暖水域持續壯大，變成三級颶風，挾著時速一百二十英里的強風橫掃巴哈馬群島，在登陸北卡羅萊納州之前減弱為一級颶風。艾琳持續北上，所到之處豪雨不斷。八月二十八日破曉前，艾琳掃蕩紐澤西州的小埃格灣鎮，午前抵達紐約康尼島，晚間肆虐佛蒙特州與新罕布夏州。（註1）

　　等到艾琳終於遠颺，已經奪走四十九條人命，災損估計一百六十億美金。（註2）在佛蒙特州的羅徹斯特市，路面被沖刷殆盡，一座橋梁坍塌，無數房屋被掀起。原本用來宣洩納森河水的地下涵洞遭瓦礫堵塞，暴雨帶來的洪水沒能從涵管排出，只好在周遭氾濫奔騰，淹沒了伍德朗墓園。一座座墳墓被開腸剖肚，園方連忙召請佛蒙特法醫局前來鑑識屍骨。法醫局副局長伊莉莎白・邦達克（Elizabeth Bundock）與當地官員通力合作，弗盧埃琳也參與其中。

　　弗盧埃琳：「原本我們以為艾琳只會帶來強風，因為氣象報告是這麼說的，所以我們只做了防風措施。沒想到幾乎沒有風，反倒雨勢驚人。」（註3）

邦達克：「部分墓園被沖垮了，被洪水捲走的骸骨散落在馬路與田野間。」

弗盧埃琳：「墓園地勢很高，離底下的河流很遠。其實那只是一條小溪，只是匯入懷特河眾多小支流之一，就是那種你踩著石頭就能輕易橫渡的山澗。」

邦達克：「夏天偶爾還會乾涸。」

弗盧埃琳：「可是涵管失靈了。一旦它失靈，樹木會被大水沖倒，截斷水路，洪流於是沖向墓園。」

邦達克：「那些重達八百到一千磅的墓穴崩塌，露出裡面的棺材。有些棺材半埋在泥沙和大小石堆裡，不少因而凹陷破損。」

弗盧埃琳：「其中有些是骨灰，根本什麼都找不回來。」

邦達克：「我有一份受損棺材清單，簡直像一場大滅絕。」

弗盧埃琳：「據我們所知，共有五十四具遺骸遭沖走。」

邦達克：「我們名單上有五十人，遺骸卻不到五十具。其中半數已經下葬超過五十年，那時候都用原木棺材，屍體應該只剩骨骸，棺木也都腐朽了，根本不知道從何找起。」

弗盧埃琳：「心急的家屬打電話進來，詢問家人的墓地有沒有被沖走。」

邦達克：「我們展開地毯式搜尋，試著找回所有遺骸。只是，還有很多東西沒有找到，因為有成堆成堆的瓦礫、木頭和植物底下都可能埋著遺骸。」

弗盧埃琳：「有些遺體我們只能找回骨頭和碎塊。」

邦達克：「我們根據棺材的特徵進行辨識，也利用遺體可能具備的某些特點，比如疤痕、衣物、珠寶、小紀念品、誕生石戒指之類的物品。我們也仔細檢查遺體外形上的特色，比如受過傷或截過肢，或者與眾不同的五官，像是特大號的鼻子或明顯戽斗的下巴。頭髮也有幫助：鬈髮、直髮、長髮。很多遺體都有衣物或珠寶可供辨認，甚至有人在棺木裡放了照片或手寫卡片，比如孫輩寫的卡片。這裡的亡者有共濟會和聖兄弟會成員，所以也留下一些相關遺物，比如筆或氈帽等。」

弗盧埃琳：「至於那些我們沒辦法百分之百確定的遺體，他們採集DNA，送出去檢驗。有具棺材裡放了一只小玻璃瓶，瓶子裡有一張紙。紙張溼了，卻沒有解體。展開來之後，我們看到死者的姓名、死亡時間、下葬時間及親屬姓名。遺族好像要多付七十美金，才能在棺材裡放那只瓶子。」

邦達克：「我很肯定亡者的身分辨識工作永遠無法完成。」

弗盧埃琳：「有些無法辨識的遺體，只能暫時存放別處。我們會挪出一個地方，專門安葬那些遺骸，再豎一塊墓碑，紀念那些遺骸失蹤的亡者。有些墓碑跟著遺骸一起被沖走，後來在瓦礫堆裡找到。」

邦達克：「我望著這場浩劫，然後轉過身——一百八十度那種——遠處的佛蒙特山丘烘托出眼前這美麗絕倫、寧靜恬適的仙境。還有天空，就是那麼純淨透亮。你站在那裡，為洪水的威力嘖嘖稱奇。能把一千磅重的水泥墓穴沖下河床，可想而知當時水流的速度有多麼湍急。大多數人安葬了至愛的親人之後，都預期亡者能從此長眠原處。」

弗盧埃琳：「墓園只是整個善後過程中的一個小環節，你得幫助那些活著的人。」

第二章
低溫

愛斯基摩人相信人睡著以後

眼珠子可以到處跑，

正因如此，

人們才能夢見遙遠的他方。

一九二一年時，

北極探險家維赫穆‧史蒂芬森（Vilhjálmur Stefánsson）說：

「我告訴他們，有些人睡覺的時候

眼睛半睜著（註1），看得見眼珠。

他們斬釘截鐵地說，

那些人當時沒有做夢。」（註2）

史蒂芬森出生於加拿大曼尼托巴省，父母是冰島人，大學時在哈佛攻讀人類學，一九〇六年勇闖加拿大北極地區。接下來那十二年之中，他三度前往北極探險，因為他喜愛那一片冰凍大地。在他的書《友善北極：我在北極的五年》（*The Friendly Arctic: The Story of Five Years in Polar Regions*）裡，他描述北極冰天雪地裡的各種特殊光學現象：「太陽的光線微乎其微(註3)。至於月亮，它的冷光先穿過高懸空中的雲層，再通過漫天蔽地的蒼霧灑落下來。那種光芒足以讓你看見你的狗隊，甚至是一百公尺外的黑色石頭。只是，當你低頭俯視腳下的雪地，卻恍如置身暗夜，伸手不見五指。」在那片無邊無際的潔白裡，細節被抹除，營造出橫無涯際的虛空感，讓人迷失方向。「你眼前彷彿一無所有(註4)，你每邁出一步，感覺就像漫步太虛。」史蒂芬森會把他的鹿皮連指手套往前扔，標示出路徑。「我把手套拋到約莫十公尺外(註5)，然後緊盯著它往前走，等來到離它三、四公尺的地方，再拋出另一只。這麼一來，我隨時隨地都能看見前方白茫茫的雪地上，有兩個相距五、六公尺的黑點。」

這招沒辦法幫他避開所有危險。「如果你心念夠強大，能夠認清你的雙眼毫無用處，這些問題其實也沒什麼大不了(註6)。可惜你會一直努力想看清楚，過度消耗眼力，造成所謂的雪盲。」

雪盲是一種暫時性眼疾，又稱光害性角膜炎。在明亮的雪地裡如果沒有適度保護雙眼，陽光中的紫外線經過明亮的冰雪反射，就會燒灼視網膜。為了對抗雪盲，生活在北極地區的人會將木頭或馴鹿角雕成護目鏡，鏡片部位只留下細縫，允許一丁點光線進入。西伯利亞曾經發現過精緻的串珠護目鏡。大英博物館收藏了一副十九世紀初期的護目鏡，馴鹿皮面罩上縫了兩片留有狹縫的凸面黃銅「鏡片」，使用時柔軟毛皮那面緊貼臉龐。

史蒂芬森雖然配戴了琥珀色眼鏡，偶爾還是會受雪盲所苦：「人們可能會以為雪盲最容易發生在萬里無雲、陽光燦爛的日子。事實不然。那種雲層厚得足以遮蔽太陽、卻又稱不上我們所謂的烏雲密布或陰暗天氣的日子，其實最危險。那時光線非常均勻地向四面八方漫射，看不到任何陰影……(註7)在沒有陰影的情況下走在崎嶇不平的海冰上(註8)，即使擁有最敏銳的視力，仍然可能被高度及膝的冰塊絆倒，或迎面撞上拔地而起、牆壁似的冰面。或者你可能陷入大小剛好容得下你腳掌的裂隙，甚至摔進寬得足夠埋葬你的大洞。」

殘暴的酷寒、接連數月的黑暗、食物匱乏、北極熊的威脅、孤單疲累、險惡的幻象……這些都是描述南北極英勇探險活動的基本元素：險阻最能襯托榮耀。史蒂芬森在最後一次極地探險之後不久寫道：「記憶所及，我兒時的志願(註9)是效法『水牛比爾』，去殺印第安人。那時我年紀還小……（後來）我的志向變了，我想當魯賓遜……二十年後，我發現陸地、踏上人類不曾涉足過的島嶼時，我真的激動莫名，彷彿小時候那些在屬於我的無人島上遺世獨立的夢想終於實現。」

* 譯註：Buffalo Bill，本名威廉‧科迪（William Cody, 1846-1917），美國西部拓荒時期最富傳奇色彩的人物。據說他曾經在十八個月內屠殺四千多頭水牛，將牛肉賣給當時的鐵路公司，供應工人伙食，因而得到「水牛比爾」的稱號。

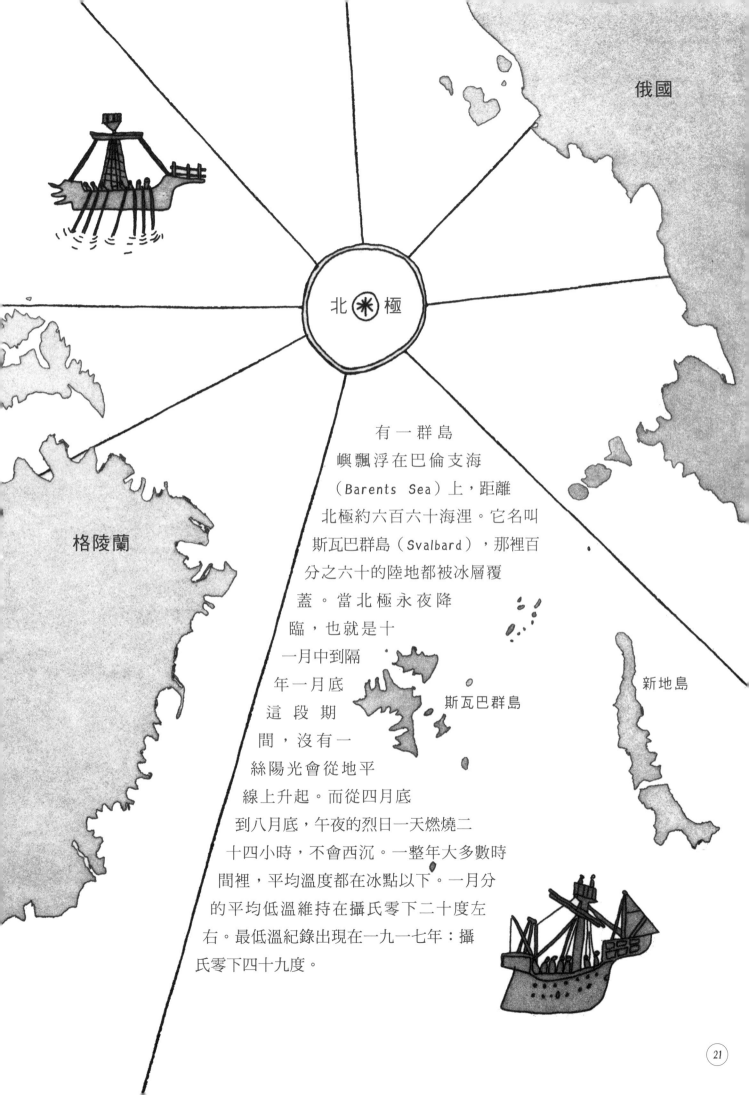

俄國

北極

格陵蘭

新地島

斯瓦巴群島

有一群島嶼飄浮在巴倫支海（Barents Sea）上，距離北極約六百六十海浬。它名叫斯瓦巴群島（Svalbard），那裡百分之六十的陸地都被冰層覆蓋。當北極永夜降臨，也就是十一月中到隔年一月底這段期間，沒有一絲陽光會從地平線上升起。而從四月底到八月底，午夜的烈日一天燃燒二十四小時，不會西沉。一整年大多數時間裡，平均溫度都在冰點以下。一月分的平均低溫維持在攝氏零下二十度左右。最低溫紀錄出現在一九一七年：攝氏零下四十九度。

在斯瓦巴群島，陣陣強風捲起挾帶細雪的氣旋，橫掃過冰凍地面。放眼望去沒有樹木，沒有農作物，沒有可耕種的土地。

現今斯瓦巴人口在二千之譜，北極熊大約有三千隻。地面都是永凍土，也就是一年到頭不曾融化的土壤。（註10）土地表面有薄薄的「活躍層」（mollisol），夏季裡這層土壤溫度夠高，足以生長出小野花和矮小的漿果植物。

一般認為荷蘭籍探險家威廉‧巴倫支（William Barentsz）最先發現斯瓦巴群島，時間在一五九六年。但據說維京人早在十二世紀就已經來到這裡。之後不久，俄國北部的波莫爾人可能也曾在這裡狩獵，帶回毛皮和海象牙。到了十七、十八世紀，斯瓦巴興起捕鯨潮。捕鯨作業集中在一個叫史密倫堡（Smeerenburg，荷蘭語意為「鯨脂鎮」（註11））的屯墾區，直到鯨魚幾乎獵捕殆盡。煤礦業始於二十世紀初，至今仍是島上的主要經濟支柱。

斯瓦巴群島的生活充滿挑戰。加拿大亞伯達大學北歐研究系教授英格麗‧厄爾伯格（Ingrid Urberg）檢視十七世紀俄國公司（Russian Muscovy Company）的檔案資料。俄國公司屬英俄合資，總部設在倫敦。「公司考量捕鯨站的安全問題（註12），一度徵召死刑犯前往斯瓦巴過冬，並同意給予他們薪資與自由。只是，囚犯到達當地後卻又嚇得反悔，說他們不要錢也不要自由，只求能夠回國。他們寧可被處死，也不願意留在斯瓦巴面對北極熊、嚴寒和壞血病。」

在斯瓦巴群島，就連死者也無法安息。一九三〇年代有個名叫克莉絲汀‧里特爾（Christine Ritter）的奧地利女人來到這裡，成為「第一個在極北地區度過寒冬的歐洲女性」（註13）。里特爾一年後回到奧地利，寫了一本回憶錄，活到一百零三歲高齡才辭世。她在《北極永夜中的女人》（A Woman in the Polar Night）裡寫道：「冰凍的地面硬如鋼鐵（註14），我終於明白為什麼冬天時在斯瓦巴群島不能埋葬亡者，而獵人又為什麼把亡故隊友的屍體留在小屋裡一整個冬天，以免遭熊或狐狸啃咬。」

在斯瓦巴群島，那些下葬的棺木會逐漸浮出地表：夏季的雨水被大地吸收，到了冬天又結凍膨脹，一步步將墳墓堆向地面（註15）。當地的小小墓園早在幾十年前就已經不再收新的亡者。（註16）斯瓦巴群島的人們會自嘲地說，死亡是違法行為。總督辦公室的傳播顧問麗芙‧歐德嘉（Liv Asta Ødegaard）說（註17）：「我們常用挖苦的口吻說，在斯瓦巴群島，死亡會觸法。」

歐德嘉說，挪威政府不希望有人在這裡出生或死亡。醫院裡有個婦產科醫生，可是沒有人知道他是不是每天都在院裡，甚至不知道他到底在不在島上。這裡沒有社會福利制度，如果你老了，需要協助，就得離開斯瓦巴群島。」

二〇一二年十二月，斯瓦巴群島的英語週刊《冰人》（Ice People）刊出一篇文章，八十歲的居民安‧梅蘭德（Anne Maeland）面臨被迫遷出的壓力。文章引述市議員約恩‧山德莫（Jon Sandmo）的話：「只要有二十人退休，我們就會陷入貧困的處境（註18）。」

住在這樣一個天寒地凍，既不適合出生、又不適合死亡的地方，似乎一點道理都沒有。

然而，寒冷也有助於維持

生機。冰凍可以減緩腐敗，阻

止微生物生長，在保存生命

力方面，可以比「正常」狀

況久得多。

　某種層面來說，寒冷可以

扭轉時間。我們家中的冰

箱就是利用這個原理，

可以冷藏昨晚的剩

菜，結婚蛋糕擺個幾

年也不會壞。

　有人夢想運用這個概念來延長人類壽

命。阿爾科生命延續基金會（Alcor Life Foundation）就提供「推測

性生命支援」服務（speculative life support）。該公司利用人體冷凍技

術，亦即「人類或動物的低溫保存」，以「極低的溫度拯救生命，將

當今醫學無法救治的病人冰凍個幾十年或數百年，直到未來

的醫療科技幫助那人重拾健康。」

二〇一二年，俄

國科學家在研究報告中指

出，(註19)他們利用在西伯利亞永凍

土裡保存三萬年之久的組織，成功培育

出一株花朵。冰河期的松鼠將狹葉繩子草

（*Silene stenophylla*）的果實和種子埋在西伯利亞東

北地區一處地洞裡，再用乾草與動物毛皮鋪在洞中。負責

撰寫研究報告的斯坦尼斯拉夫‧古賓（Stanislav Gubin）表示，

那是「天然的精子銀行」。科學家利用已經變成化石的果實組織，耐

心地呵護出一株嬌弱的白色五瓣小花。

在斯瓦巴群島斯匹茲卑爾根島（Spitsbergen Island）隆雅市（Longyearbyen）屯墾區的沙岩山腰內，有條深約一百五十公尺的地道。入口是水泥結構，壁面傾斜向上，突伸在冷空氣裡，以鋼鐵加固的大門掩護。通道裡是波紋鋼板打造的地道，傾斜向下，通往另一扇深鎖門扉。鋼板上的紋路凍出一條條堅冰。那第二扇門裡是一個與通道垂直的空間，就有如被袖廊貫穿的教堂中殿。坡度起伏的岩壁上覆蓋了噴塗混凝土與浸漬塑膠。走進這個明晃晃的雪白洞穴，眼前出現三道門。中間那道是精鋼打造，上面掛著閃閃發亮的冰晶。門鎖也被晶瑩的寒霜包覆。這裡是斯瓦巴全球種子庫。

這個種子庫素有「種子諾克斯堡*」及「末日寶庫」封號。它既是儲藏設施，也是保險機制，旨在確保地球農業的多樣性。世界各國都把種子送來這裡保存，因為在地種子庫往往毀於各種天災人禍，比如戰亂、管理不當、能源中斷、財政不穩、極端氣候與氣候變遷。近年來，伊拉克、阿富汗與埃及的種子庫不是被破壞，就是遭到劫掠。而在斯瓦巴這樣一個完全不利農業發展、也幾乎不適合任何生命生存的地方，卻是保存地球農作物的絕佳地點。

北極永凍土為種子庫創造出攝氏零下六度的天然環境，額外的機械冷卻系統讓溫度下降至零下十八度以下。根據美國農業部的說法，這個溫度能夠讓食物「永不腐壞」(註20)，也適合種子的保存。種子庫由全球農作物多樣性信託基金會（Global Crop Diversity Trust）、北歐遺傳資源中心（Nordic Genetic Resource Center）與挪威政府等三個單位共同運作。「即使全球暖化發展到最壞的狀況，種子庫裡的保存室也能夠繼續維持二百年的自然冷凍狀態。」種子庫還有其他天然安全措施：「斯瓦巴群島的種子庫地處偏遠、氣候嚴酷，更是北極熊的棲息地。」

全球種子庫最多足以容納二十二億五千萬顆種子。對「永續農業與糧食安全」有所助益的農作物可

以優先儲存。那些種子會經過乾燥，裝進四層箔襯袋，再放進密封的盒子裡。目前種子庫裡有來自亞美尼亞的大麥、山羊草；澳洲的豌豆；加拿大的歐蒔蘿、亞麻、野麥、紫花苜蓿和向日葵；以色列的小麥；烏克蘭的扁豆；德國的針茅、牛膝草、附子、薯草、金盞花、狐尾草、莧菜、蜀葵、濱藜、山芥、金魚草、洋甘菊、蘆筍與鴉蒜；烏干達的牛筋草與高粱。還有肯亞的桃花心木，愛爾蘭的三葉草，巴基斯坦的芥末和鷹嘴豆，台灣的香瓜和牽牛花。美國存放的有羅勒、薄荷、月見草、荷蘭芹、菊苣、秋葵、黑莓、西洋梨、西瓜、草坪草、六月禾等。還有來自南韓的芝麻、菠菜、蘿蔔、花生、番茄、野生胡蘿蔔、薏仁，北韓的玉蜀黍與水稻種子也在相隔不遠的架上。

截至二〇一四年，全球種子庫總共收藏了來自全世界大約二百三十個國家的農作物種子。全球種子庫的國際顧問理事會主席凱瑞·佛勒（Cary Fowler）說：「我們種子所屬的國家，比目前全世界現存國家總數來得多。(註21)」蘇聯和坦噶尼喀（Tanganyika，即現今的東非國家坦尚尼亞）依然存在於我們的種子庫；那個標示為「巴勒斯坦」的盒子不會捲入中東的領土糾紛；敘利亞在二〇一二年動亂期間送來一大批種子。「我們這裡不談政治。」佛勒說。

一九二〇年以前的斯瓦巴不屬於任何國家，也不受任何法律約束。第一次世界大戰後，各國在凡爾賽談判，簽定斯匹茲卑爾根條約，將斯瓦巴群島劃為挪威領土，只是，它跟挪威本土之間仍然有諸多差異。遷居斯瓦巴群島不需要申請居住許可、工作許可或簽證。條約規定，所有簽署國的公民都可以開發利用斯瓦巴的自然資源，也可以參與經濟活動，但非簽署國的公民也可以。「我們對所有人一視同仁。」二〇〇七年法律顧問漢娜·英格布里斯登（Hanne Ingebrigsten）對《亞洲時報》（Asia Times）這麼說。斯瓦巴也不受關稅法約束，購物一律免稅。二〇一四年，挪威本土的所得稅率是百分之二十七(註22)，斯瓦巴卻只有區區百分之八。

島上最大的屯墾區隆雅市名乃取自美國人約翰‧隆雅（John Munroe Longyear）。隆雅是密西根州政治人物，他所有的北極煤礦公司（Arctic Coal Company）自一九○六年起在此地開採煤礦，因而建立了這座小城鎮。一個世紀以後，斯瓦巴對經濟移民依然充滿吸引力。儘管稅賦極低，這裡的薪資水平卻相當高，就連最低下的工作也不例外。目前居住在斯瓦巴的二千出頭人口分別來自四十四個國家，幾乎遍布全球：伊朗、波札那、馬來西亞、印度、中國、突尼西亞、烏拉圭、秘魯、墨西哥、哥倫比亞、斯洛伐克、波士尼亞與赫塞哥維納、亞塞拜然、菲律賓、俄國、立陶宛、匈牙利、荷蘭、德國、法國、英國、芬蘭、丹麥、瑞典、美國、阿根廷、巴西、智利、越南。挪威人是島上最大族群，其次是泰國移民（註23）。斯瓦巴是氣候嚴峻的地域，卻也是機會的國度。隆雅市坐落在峽灣沿岸的山谷裡，市內四處可見樂高積木般、五顏六色的方正屋舍，周遭盡是白皚皚的山峰。鎮上有一條商業街，是行人徒步區，卻不時有人踩著滑雪板或拉著兒童乘坐的雪橇通過。馴鹿在市內漫步穿行。Fruene咖啡館就位在街道中段，供應三明治、蛋糕、咖啡和葡萄酒，也販賣毛線和各式衣物，比如連指手套、襪子和當地製造的女裝。

　　譚央‧蘇旺波里本（Tanyong Suwanboriboon）已經在Fruene咖啡館打工兩年。

蘇旺波里本留著一頭烏黑長髮。說話的時候，她會笑著把遮住臉龐的頭髮往後撥。她四十三歲，家住泰國北部的碧差汶府，兄弟姊妹共七人，她排行老二。碧差汶府位於一處豐饒河谷，有湖泊、瀑布和肥沃的土壤，氣溫維持在攝氏二十五到三十度之間，即便是冬天最冷的日子，也很少低於十五度。農業十分發達。

蘇旺波里本在家鄉有自己的農場，在她旅居斯瓦巴期間由堂弟負責照料。「我的園子裡種了很多水果(註24)，有芒果、各種品種的香蕉、椰子、楊桃、木瓜、甜羅望子、柚子和菠蘿蜜。菠蘿蜜是種塊頭挺大的水果，甜度高，果肉是黃色的。我也種了竹筍，用來煮排骨湯。」二○○八年，蘇旺波里本來到隆雅市，第一次看見雪。目前咖啡館的工資是她在泰國的收入的五倍。「我在碧差汶府還有個小小養豬場。等我回去以後，就會把它變成大大的養豬場。」她打算在北極打工十年。

蘇旺波里本在斯瓦巴的世界很小：從隆雅市中心的聯外道路一出屯墾區就到盡頭。限制人類活動範圍的，除了冬季的黑暗與酷寒之外，還有北極熊。官方建議民眾，離開屯墾區時最好攜帶槍械。這些都困擾不了蘇旺波里本。她全心全意投入工作。「我不去想外面的事，」她說，「不管是北極永夜或午夜太陽，對我沒有任何差別。我不在乎太陽有沒有升起，我只管工作。」咖啡館休假的時候，她就幫人打掃房子。如果說她對這裡的生活有什麼不滿，那就是挪威食物了。「挪威菜沒有營養。」提到鯨魚肉、馴鹿肉和海豹肉等傳統極地料理，她一臉嫌惡。她廚房裡有一部超大冷凍櫃，就是在紐約酒館裡看得到、陳列各式冰淇淋那種。

蘇旺波里本的冷凍櫃裡裝滿了冷凍蝦、春捲麵團和其他幾十種泰國料理食材。隔壁的小門廳存放著一包包本地市場買來的培養土。「夏天的時候，我會在窗台種泰國香草和香料。」說著，她打開裝有一袋袋種子的密封塑膠袋，把內容物倒在沙發椅墊上。有芫荽、芥末、紫花羅勒、黃豆、牽牛花和蒔蘿，都是她家人從泰國寄來的。這些植物不可能在室外生根發芽，在室內卻是生機盎然，因為它們可以在午夜陽光下進行一整夜的光合作用。「我還是吃得到泰國食物。」蘇旺波里本說。

幾乎沒有人想
永遠住在斯瓦巴。斯瓦巴博物館館長赫迪
斯・黎恩（Herdis Lien）說：「人們來這裡是為
了工作（註25），平均待個六年，就會返回祖
國。」斯瓦巴博物館只有一間展覽室，展品
以島上的歷史文物為主，裡面有個可供休
憩的角落，鋪了海豹皮，可以欣賞外面
的山色。一九三〇年代，在斯瓦巴停
留一年的奧地利籍女子克莉絲汀・
里特爾覺得這個地方熟悉的節奏
被打斷，生活恍如懸宕的動畫
片。

「那些亮晃晃的夜晚

實在太古怪（註26），

彷彿被一股特殊的聖潔籠罩。

海浪的拍擊似乎更為輕柔，

鳥兒也飛得更慢。

夜晚就像白日的夢境。」

第三章

雨

二〇一〇年十月十三日午夜剛過，三十三歲的弗羅倫西奧・阿瓦洛斯（Florencio Ávalos）受困地底超過兩個月之後，被人用金屬艙吊掛上來，回到智利北部的乾燥空氣裡。其他三十二名同樣被埋在塌陷的聖荷西銅礦坑底下的礦工逐一被拉回地面，整個救援過程從當天晚上持續到次日。礦工們的妻子、情人、子女和堂表親戚都在臨時營地翹首以待，智利總統塞巴斯蒂安・皮涅拉（Sebastián Piñera）與上千名媒體記者[註1]也在現場，等著迎接獲救礦工。而在附近的科皮亞波市（Copiapó），人們聚集在廣場手舞足蹈，齊聲歡唱智利國歌。車輛喇叭齊鳴，車裡的乘客往車窗外揮舞旗幟。全世界估計有十億人圍在電視旁收看救援新聞。

聖荷西礦坑位於智利的阿塔卡馬沙漠（Atacama Desert）。智利是世界最大的產銅國，二〇一〇年的銅礦收入占國家歲入百分之二十，二〇一二年起，占智利全年國內生產毛額百分之十五。智利豐富的礦藏是數百萬年來地質與氣候——也就是火山活動與極端乾旱——相互作用下累積而成。

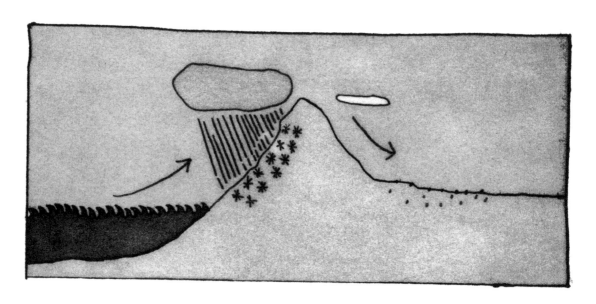

科學家稱阿塔卡馬的中心地帶為「絕對沙漠」。[註2]那裡是貧瘠的岩石區，散發著蒼涼之美。白天裡，隨著光線變化，阿塔卡馬的沙子會先後呈現金黃、橙紅與鮮紅的色澤。而在陰影處，整個地貌是藍、綠、紫三色交錯。沒有樹木、沒有植物、一望無際的光禿大地向外開展，十足的火星景象。事實上，美國太空總署利用阿塔卡馬沙漠模擬火星[註3]，研究這裡的極端環境，演練在火星上尋找生命體或外星人的任務。太空總署的科學家設計的機器人探測車與卡內基美隆大學的研究人員駛過阿塔卡馬地面，探測微生物與細菌。

阿塔卡馬沙漠位於兩座山脈之間，西側是海岸山脈，東邊則是安地斯山脈。受到氣象學上所謂的**雨影效應**（rain shadow effect）[註4]影響，來自亞馬遜盆地的溼氣到不了沙漠中心：溫暖潮溼的空氣被擋在安地斯山脈的東側山坡，還沒來得及翻越山巔，就已經降溫冷卻。西邊來的溼氣多半也無法在阿塔卡馬上空凝結成雨水，因為寒冷的太平秘魯涼流（舊稱洪堡德洋流〔Humboldt Current〕）會形成「逆溫層」，溫度隨著高度增加，溼氣因而難以越過海岸山脈進入沙漠。

亞利桑那大學地球科學系教授胡立歐・貝坦古（Julio Betancourt）說：「你正好處在一個冬雨到不了、夏雨也下不來的關鍵位置[註5]。」

那份乾燥悄悄爬進你喉嚨，也吸走你嘴唇與皮膚的溼氣。

　　每逢聖嬰年（El Niño）與反聖嬰年（La Niña），沙漠中的天氣型態也會改變，聖嬰年指的是聖嬰現象（El Niño-Southern Oscillation）的偏暖期。每隔幾年，溫暖海水會不定期流向赤道太平洋，海洋與大氣的交互作用，在全球引發一連串的天氣效應。聖嬰現象的偏冷期就是反聖嬰年，它帶來偏冷氣溫，牽動自身的天氣變化。而在阿塔卡馬沙漠，這些變化可能帶來降雨。

即便只有極少量雨水，

沙漠也會湧現生機，

特別是緊鄰阿塔卡馬中心的外圍地帶。

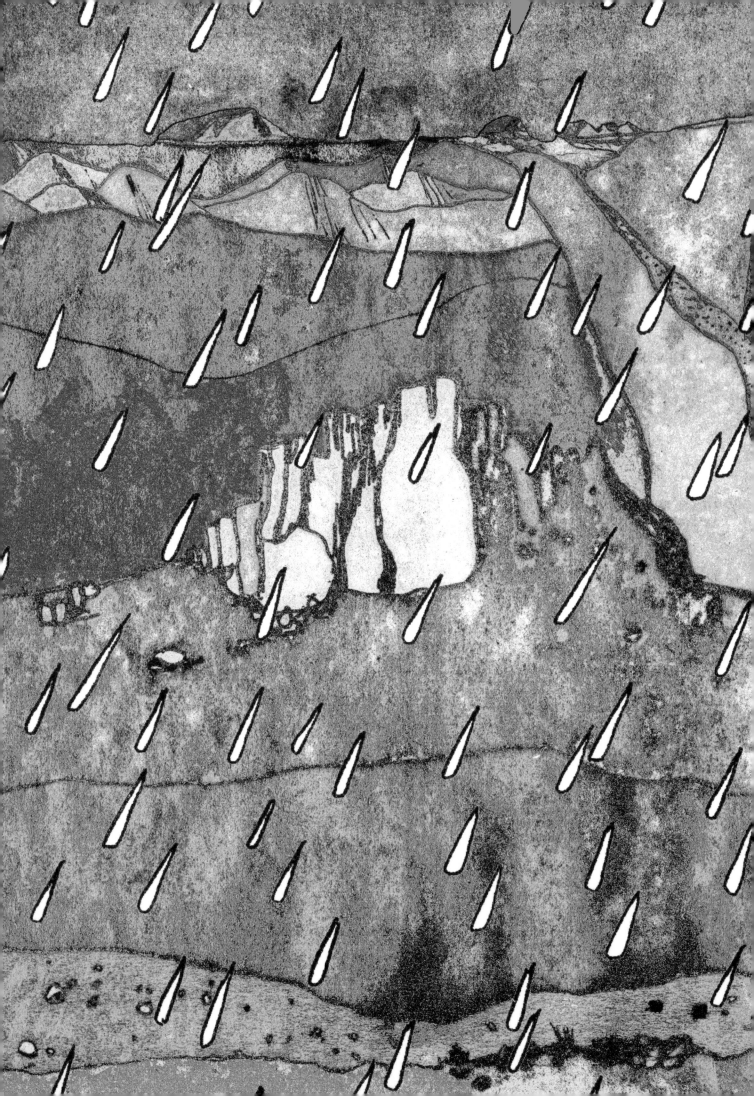

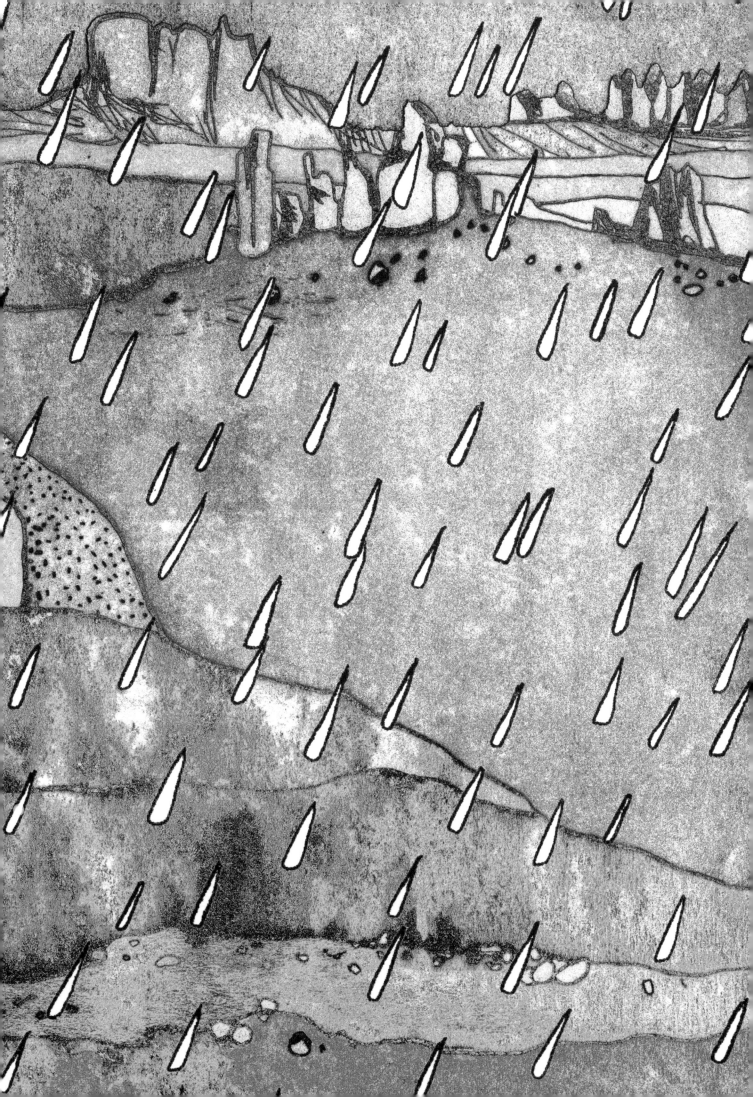

　　聖地牙哥天主教大學阿塔卡馬沙漠中心主任皮勒．塞拉塞達（Pilar Cereceda）本身是地理學家，他說：「通常大約每隔七到八年發生一次降雨[註6]，雨量會有三、四或五毫米，之後我們的沙漠就會百花齊放，你會看到山坡和盆地開滿萬紫千紅的花朵，種類多不勝數。也有很多昆蟲、鳥類和動物。」

　　沙漠安然等候這一刻。

　　塞拉塞達又說：「這些種子潛伏在土壤表層自給自足，我們稱之為『休眠』。另外還有球莖，它們埋藏在土壤深處，沒有氧氣，很乾燥，沒有溼氣，沒有水。它們可以等水等三十年。」

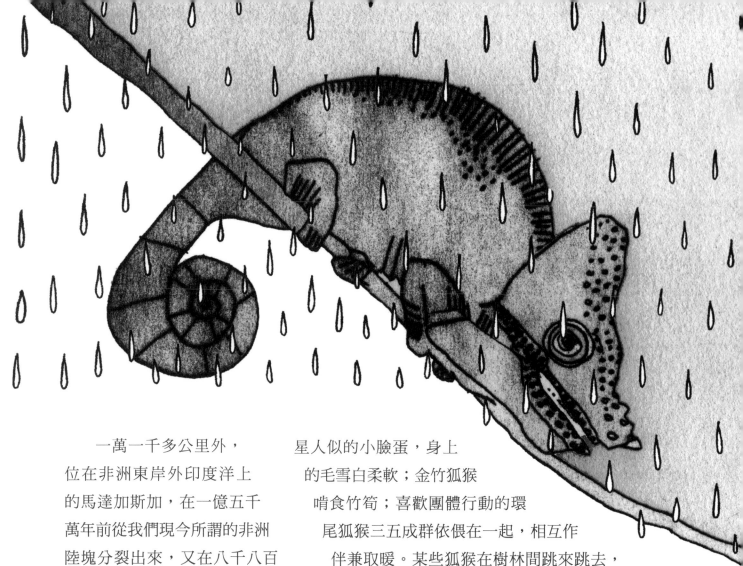

一萬一千多公里外，位在非洲東岸外印度洋上的馬達加斯加，在一億五千萬年前從我們現今所謂的非洲陸塊分裂出來，又在八千八百萬年前脫離如今的印度。這座島獨立演化，如今，科學家估計，馬達加斯加百分之九十的植物群與動物群都是該島特有種，在世界其他地方都看不到。

爬蟲學家克里斯多佛‧瑞克渥斯（Christopher Raxworthy）從一九八五年起就在這裡從事研究工作。他利用每年十一月至次年四月間的雨季進行田野調查，那段時間也是當地最炎熱的時候。

瑞克渥斯：「降雨搭配高溫（註7），形成觀察兩棲類與爬蟲類的最佳時機，因為這種時候那些動物最為活躍。」

上百種狐猴在島上遊蕩：黑白領狐猴有一片絡腮鬍，像極了已故美國前衛生署長查爾斯‧艾弗列‧庫普（C. Everett Koop）；絲絨冕狐猴有張外星人似的小臉蛋，身上的毛雪白柔軟；金竹狐猴啃食竹筍；喜歡團體行動的環尾狐猴三五成群依偎在一起，相互作伴兼取暖。某些狐猴在樹林間跳來跳去，另一些則在地面上踩著狐步側身前進，前臂伸展開來，彷彿在擊劍比試中虛招進擊。

有數千種蘭花只生長在馬達加斯加，其他植物與花朵也一樣，包括上百種棕櫚樹。另有數不清的鳥類、蝴蝶、甲蟲、蜻蜓和魚類，都只能在馬達加斯加看到。

瑞克渥斯：「雨季剛開始的時候，地上的落葉乾枯脆化。你每走一走，都能聽見腳下的葉片嘎吱作響。如果你翻開地上的木頭，底下不會有一丁點水氣。

「大多數動物都躲起來了。牠們沒有活力，不是藏在土壤裡，就是躲在樹皮底下或樹洞裡。有時候牠們在睡覺，比如變色龍，睡在林木的高處。牠們正在夏眠，有點像我們熟知的冬眠。」

「然後雨來了。第一場雨通常是綿綿細雨，接著雨量多了些，再多一些。森林開始變潮溼，它會像海綿，吸收那些雨水。

「環境一旦變潮溼，萬物就會大量繁殖。某些蛙類立刻奔向那些臨時水塘，雄蛙放聲鳴叫，叫聲各異其趣，雌蛙也全都被吸引過來。一整年的繁殖活動都集中在這短短幾天內。到處都有青蛙。

「有一種青蛙，牠們的腿很長，趾間有足夠的蹼面方便攀爬，有時甚至有助於滑行。那些青蛙多半是綠色，有鮮明的紋路。雄蛙有巨大鳴囊，鳴叫時會鼓脹起來。你不容易看見這類青蛙，因為牠們大多數時間都高高棲息在樹木枝葉間。不過，到了雨季牠們就會從樹上下來，到水邊繁殖。這時候你才能看見雄蛙在河邊高聲鳴唱，雌蛙聞聲趕過來，在水裡產卵。」

有時，馬達加斯加潮溼的天候會發展成猛烈的熱帶氣旋。

瑞克渥斯：「然後河流形成，水位升高，蓄積出臨時水塘，到處溼濕潤澤。如果熱帶氣旋來襲，雨勢會更猛。」

我們都知道熱氣會上升。正是這種溼暖空氣（上升氣流）的運動，構成了大雷雨時那些迅速壯大的積雨雲。暖空氣向上移動（註8），碰到了雲塊頂端攝氏零度以下的空氣後冷卻下來，形成水滴與冰粒。這些水滴與冰粒又從雲端落下，途中跟其他水滴結合，在落回地面時漸漸變大。這些下墜的水滴與冰粒帶動一股下降氣流，強烈的氣流猛力將冰與水滴摜在一起，再將它們碎裂開來，這種摩擦力會產生靜電。亂流將雲塊裡的帶電分子重新組合：質地較輕、攜帶正電荷的冰晶與水滴往上升；質地較重、攜帶負電荷的「軟雹」又名「霰」，會聚集在雲塊底部。當雲塊飄移，下方的地表會攜帶正電荷。等電場增強到某個程度，就會發生閃電，中和這種不均衡的電壓。

閃電是大氣能量的釋放，以之字形強光呈現，最高時速可達每小時二十二萬五千三百公里，溫度能高達近攝氏三萬度，幾乎是太陽表面溫度的五倍（有人估計閃電的溫度還可以更高，來到近攝氏五萬度）。

劈哩、啪啦、隆隆、轟！閃電的聲響是熱空氣快速擴張產生的衝擊波。

在熱帶與亞熱帶地區，閃電發生的情況更為頻繁。佛羅里達州是美國最容易發生閃電的地區，從奧蘭多市到坦帕市之間的地帶又有「閃電巷」之稱。而在全世界，特別容易遭雷擊的地區包括新加坡、馬來西亞、巴基斯坦、尼泊爾、印尼、阿根廷、哥倫比亞、巴拉圭、巴西、盧安達、肯亞、尚比亞、奈及利亞與加彭。二〇〇五年，美國太空總署的閃電影像感測器記錄到全世界閃電次數最多的地方，是剛果共和國的山區村莊基夫卡（Kifuka）。

一九九八年十月，閃電擊中正在剛果共和國東部卡塞省（位在基夫卡西南方約五百公里）進行職業賽事的足球場，其中一支球隊全數罹難（註9），另一隊安然無恙。這場悲劇一面倒的怪異災情不免讓人對閃電心生狐疑，視它為一種超自然破壞力。

一直以來，人類賦予閃電各種象徵意義。雪、熱氣或霧靄等氣候狀態會覆蓋大片區域，對區域內的人們造成的影響差異不大。閃電就不同了，它似乎會鎖定目標：獨自在田地裡的人，或者像剛果那個例子，找上群眾之中的少數人。古希臘人相信，眾神之王宙斯能夠以一記閃電擊斃敵人。而在北歐古代的宇宙論裡，脾氣暴躁的雷神索爾掌管天廷（註10），駕著山羊拉的戰車橫越天際，山羊腳蹄會射出閃電。

十九世紀歷史學家、康乃爾大學創辦人之一安德魯·狄克森·懷特（Andrew Dickson White）說，閃電「古怪的運作方式」（註11）讓人「強烈相信它具有邪惡本質」。

十三世紀熙篤隱修會（Cistercian）的僧侶、海施特巴赫修院的凱撒里烏斯（Caesarius）講述德國特里爾一名神職人員的故事。當時暴風雨來襲，那名神職人員想去鳴鐘——那個年代時興以這種方式驅除閃電。可惜，他不但沒能嚇退閃電，反而慘遭雷擊。凱撒里烏斯說，那人的罪在閃電中被揭發，因為閃電剝除他身上的衣物，吞噬他身上某些部位，顯示他是因為虛榮與不貞受到懲罰。

美國發明家班傑明·富蘭克林一七五二年發明避雷針。這個簡單的科技能夠提供全新保護，可是當時有些宗教領袖拒絕在他們的教堂尖頂安裝避雷針，他們忿忿不平地說，轉移閃電、阻撓上帝的旨意，是一種褻瀆。

晴天霹靂確有其事。在暴風雨周邊地區，閃電可以水平移動十六公里或更遠。另外，閃電可以、也確實會連劈兩次。雷擊預防專家瑪麗・安・庫柏（Mary Ann Cooper）醫師說：「如果造就第一次閃電的條件依然存在同一地區（註12），那麼大自然法則告訴我們，會有後續閃電。」男性由於更常從事戶外活動（註13），遭受雷擊的機率也比女性高出四倍。高爾夫球運動最是凶險。

史迪夫‧馬許本（Steve Marshburn）和妻子喬伊絲（Joyce）共同創立雷擊與電擊生還者國際組織。

馬許本：「一九六九年，我被閃電擊中。（註14）當時，我二十五歲，在銀行工作。那天天氣很晴朗。事發時我坐在出納員椅凳上。大約二十公里外的地方發生暴風雨，有一道閃電溜出來，擊中我們免下車窗口的擴音器。

「那個年代還沒有直接存款服務，人們得拿支票來銀行兌換現金，所以銀行外排了兩、三條長長的人龍。當時在銀行裡的所有人都目睹了事件經過。

「閃電從我的後背鑽進來。我雙腳擱在椅凳的金屬橫檔，閃電從一隻腳出去。當時我正在蓋存款章，手上拿著金屬出納章，閃電也從那隻手出去。

「我以為自己再也沒辦法回家，再也看不到我太太，也無緣見到我再過一個月就要出生的孩子。我聽得見聲音，卻沒辦法說話。我覺得我左側大腦被炸掉了。現在，我知道當時自己左邊的腦袋燒焦了。我頭痛欲裂，後背好像被開山刀劈成兩半。」

被閃電擊中的人可能外表沒有絲毫異狀。某些情況下，受害者的皮膚會布滿紋身似的蛛網枝狀圖案，那叫「利希騰貝格圖」（Lichtenberg figures），又名「閃電刺青」，是一種金銀絲細工似的傷痕，標示出電流通過的路徑。在已開發國家，百分之九十遭雷擊者都能生還。另外那百分之十的死亡原因比較可能是心臟病發，而非一般認為的燒傷。

庫柏：「人的皮膚上可能會有雨水或汗水。（註15）雷擊時，那些水分會發生什麼事？答案是會變成蒸氣。如果你穿著包覆雙腳的鞋子，比如耐吉球鞋和運動襪，你人在雨中，襪子溼透了，或者你在跑步，流了很多汗，那麼你就會產生很多蒸氣，就會發生所謂的蒸氣爆炸。水變成蒸氣的時候，體積會膨脹五百倍，它會將鞋子由裡向外爆破，你還能看見融化的襪子黏在鞋子內側。

「如果你拿一件衣服，比如內衣，對著光線照，你稍微用力一拉，就能看見光線透過來，還會看見許多絨毛。當閃電擊中它，那些絨毛就會燒光，幾乎只剩布料的骨幹。有時甚至還看得到炭渣，很像你把國慶日仙女棒拿得太靠近衣服的後果。」

馬許本的雷擊與電擊生還者國際組織出版了許多雷擊案例，生還者在文中描述他們被擊中的那一刻。卡洛‧道森（Carroll Dawson）曾任休斯頓火箭隊助理教練，一九九〇年打高爾夫時，球桿被閃電擊中。「當時覺得自己像棵通電點亮的聖誕樹。（註16）」道森從此失明。史帝芬‧梅爾文（Steven Melvin）記得聽到「像牛排在烤肉架上發出的響亮嗞嗞聲，然後是強烈閃光」。一九四五年，齊查斯基（W. J. Cichanski）和一名軍士在德州礦泉井被閃電擊中時，他「什麼都沒看見，什麼都沒聽見（註17）……什麼都感覺不到」。不過，有個目擊者看見他們頭部周遭有「一圈火光」，身上的衣服也起火燃燒。齊查斯基在醫院裡躺了四個月，一直沒辦法確定他後來的諸多病症（聽力損失、關節炎和失眠）之中，哪些是雷擊後遺症。那位軍士則宣告不治。

電流與熱衝擊通過每個人體的路徑各不相同，大腦、心臟和其他器官都可能受損。受害者可能發生痙攣、聽力喪失、視力喪失、胸痛、暈眩作嘔、頭痛、混淆或記憶喪失。曾有患者主訴體重驟減、手部刺痛、肌肉抽搐、失去溫度感知能力、極度口渴、暫時性麻痺，以及暫時性死亡的經驗。

馬許本：「某些症狀通常要一段時間後才會出現。」

南非的普利托里亞大學法醫病理學家萊恩‧布魯門撒（Ryan Blumenthal）（註18）比較雷擊與砲彈爆炸的衝擊波，發現兩者都會造成以下情況：骨頭碎裂、耳膜破損、衣物破損、金屬飾物或衣鈕熔進肌肉。隨著震波四射、砲彈碎片似的尖銳物品，也可能會刺穿受害者的身軀。（註19）

馬許本：「我不知道自己為何能逃過死劫，但老天肯定有什麼用意。天曉得，也許我的任務就是設立這個組織。暴風雨來的時候，我不會緊張，我喜歡看閃電，真的。我們有些會員看到閃電會全身痙攣，也有人會嚇得動彈不得，卻也有很多人喜歡觀賞閃電。我覺得它很美。這麼說好了，我覺得閃電是上帝令人嘆為觀止的傑作。」

被閃電擊中的機率相當低，因此，幸運生還不免給人一種中選的特殊感。某些受害者說自己好像變成了名人，或某種吸引人的串場表演。福特汽車公司員工蓋瑞‧喬瑟夫‧蕭（Garry Joseph Shaw）一九九四年遭到雷擊，在底特律大都會醫院的燒傷中心待了二十四天。「他們每天派心臟專科醫師、精神科醫師、神經科醫師和整形外科醫師來看我。我成了動物園裡的動物[註20]……好在他們沒有把我切開來看個仔細。」

蘿莉‧普拉克特—威廉斯（Laurie Procter-Williams）慘遭雷擊之前有吸毒等問題。她認為閃電翻轉了她的生命。「朋友和家人都覺得我的生命中又添一樁悲慘的境遇……（可是）跟死神擦肩而過的經歷[註21]，讓我重獲新生。」

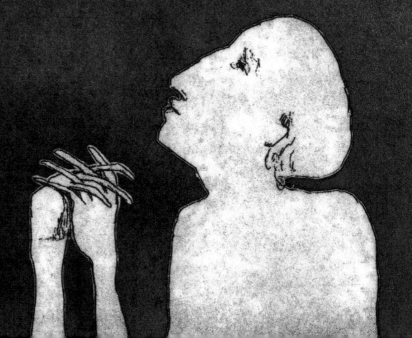

瑞克渥斯：「到了雨季末期，很多跡象顯示森林逐漸乾枯，某些物種開始消失蹤影。比如枯葉變色龍、侏儒變色龍，到這個時候，某些地方已經看不見牠們的蹤跡。今年已經太遲，只能再等一年。牠們重新躲回地底下了。隨著水分慢慢蒸發，越來越多物種不再活躍。

「雌性動物停止繁殖。你再回到水塘邊，只能看到一、兩隻青蛙還逗留在那裡，其他都不見了。接下來的時間裡，不管白天或晚上，如果你在森林裡走動，會很難看見某些動物。牠們各自躲進樹林深處，有些住在地下，或藏在落葉堆裡。

「雖然森林裡並非一片死寂，但通常只有少許動靜，比如棲息地面的蜥蜴，還有臭蟲，某些更常見的物種則是一整年都很活躍。在下一次雨季來臨之前，整座森林顯得昏昏欲睡。」

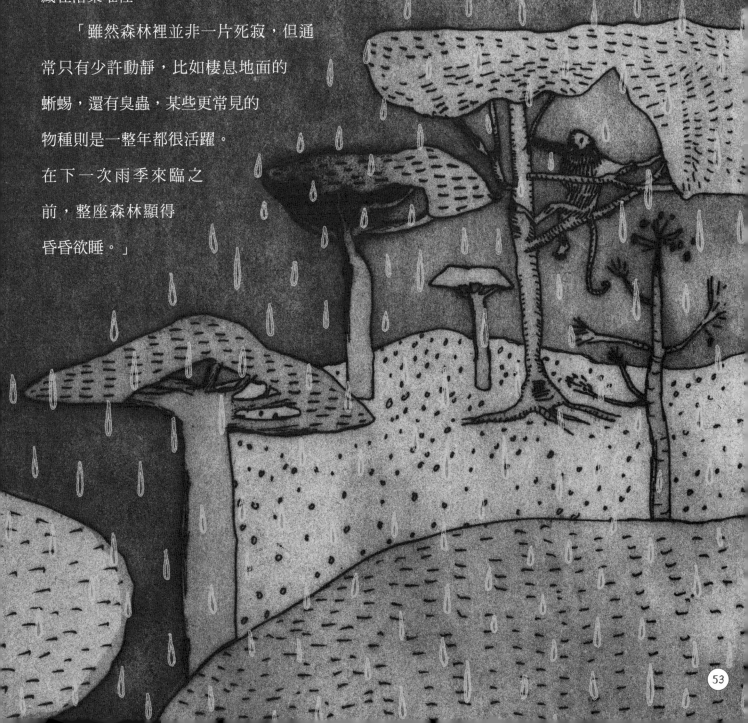

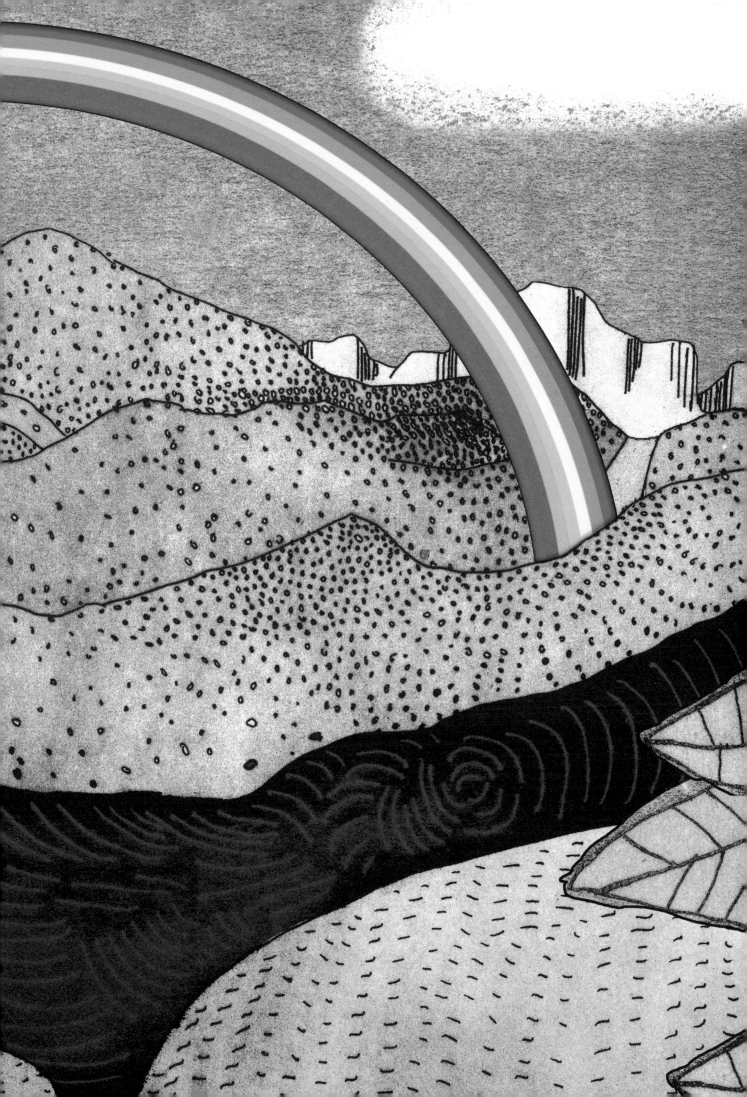

第四章

霧

　一九八三年，時年二十一歲、結婚將滿兩年的威爾斯王妃黛安娜，隨同夫婿查爾斯正式出訪加拿大。在旅程第十一天，查爾斯與黛安娜前往紐芬蘭，紀念該島成為英國殖民地四百週年。黛安娜頭戴綠松色羽毛帽，身穿同色系大墊肩寬鬆套裝。（註1）

　這對皇室夫婦觀賞了穿著伊莉莎白時期服飾的方塊舞者與演員的表演。查爾斯王子發表了演說。他們倆去到紐芬蘭海岬尖端，也就是北美洲最東端的斯必爾角（Cape Spear）（註2），那裡是美洲大陸最早看到日出的地點，並設有一座燈塔。電視新聞採訪小組摩拳擦掌，準備捕捉這一幕，可惜攝影機拍不到幾個清晰畫面。

　當時的燈塔看守人傑利‧坎特威爾（Gerry Cantwell），是這個世襲職務的第六代傳人。「查爾斯和黛安娜抵達燈塔的時間差不多是上午十一點，四周大霧茫茫，你就算把手伸到面前，都看不見。」

　王子迷失在斯必爾角的濃霧裡，可不是頭一遭。

坎特威爾：「事情發生在一八四五年。(註3) 荷蘭王子要來這裡做所謂的國是訪問。當然，船是來紐芬蘭唯一的交通工具。所有人都盛裝到場，站在一旁等候。王子不見蹤影。當時斯必爾角外海濃霧彌漫，王子那艘船的船長找不到聖約翰港究竟在什麼鬼地方，進不了港。他們派所有領港員出去搜尋，因為王子肯定就在外海。

「我曾曾曾祖父詹姆斯・坎特威爾是個船長，也是領港員。他有一艘大艇，也有一組划船的水手。領港員很擅長在濃霧裡鑽進鑽出，在峭壁之間找到進港的通道。如果有船迷航，他們就會划船出去，找到那艘船，成功把船帶進港的人可以向船公司請領報酬。領港員就是靠這個謀生。

「當時詹姆斯就是那麼做。他駕船出去，找到王子的船，登船掌舵，三兩下就把船帶回來，航向迷霧中的聖約翰港。當時霧太濃，連船頭都看不到。

「進了聖約翰港以後，卻是個美麗晴朗的好天氣。經常會這樣，外海又冷又起霧，城裡卻很暖和，陽光普照。

「我們是英國的前哨基地，如果身分特殊的訪客來到島上，而他覺得某個人做了值得表揚的事，他可以實現那人一個心願。

「王子問詹姆斯有什麼要求，因為

王子自己的船長找不到海港入口，詹姆斯卻找到了，他覺得很不可思議。『你做出英勇行為，希望得到什麼獎賞？』

「當時斯必爾角正在蓋燈塔，詹姆斯說：『將來他們要找燈塔看守人時，我想要那份工作，負責管理燈塔。』

「這件事白紙黑字寫了下來。到了一八四六年，他得到那份工作，如願以償。」

霧是接近地面的雲。空氣中的水分凝結成小水滴（或冰晶），飄浮在地表上空。霧氣的成因不一而足：舊金山的**平流霧**（advection fog）出現在溼暖空氣拂過冰冷海洋的時候；**輻射霧**（radiation fog）通常經過一整夜醞釀：白天裡吸滿陽光的地面將熱氣往上散發，當地面冷卻，上空依然潮溼的空氣也在變涼，慢慢凝結成霧氣。加州中央谷地的冬霧就是輻射霧。霧也能橫跨山峰，那是因為潮溼的空氣被往上吹，上升過程中冷卻到霧點。這叫**上坡霧**（upslope fog），可以在洛磯山脈東側山坡看到。

至於倫敦惡名昭彰的「豌豆湯霧」，家庭與工業燃煤噴出的煤灰跟盛行東風裡的溼氣結合，形成霾[註4]，盤旋數日不退。一八八九年《紐約時報》（*The New York Times*）一篇報導描述濃霧的景象：「當有『豌豆湯霧』之稱的黃色濃稠混合氣體[註5]籠罩倫敦，白天能見度會比夜晚更低。交通受阻，地標消失，正如十九世紀英國文壇著名詩人白朗寧夫人（Mrs. Browning）所說：視線所及『彷彿有塊海綿將整個倫敦揩拭盡淨』。整座城市變成鬼域。人們像一個個巨大魅影移來動去，聲音也減弱了，像幽靈似的隱約音調……你看得見它，事實上，你幾乎看不見別的東西。你可能感覺得到它那溼黏的觸感；嗅得到它那邪惡的氣味；它也濃得讓你嘗得到。你根本沒辦法趕走它，不管你如何把自己層層包裹，它依然沿著你的脖子往下鑽。」

豌豆湯霧一降下來，犯罪率就飆高[註6]。「濃霧方便竊賊在倫敦的百貨公司大幹一票。」一九五九年的《泰晤士報》（*The Times*）寫道，「昨天深夜能見度趨近零[註7]，竊賊炸開兩個保險櫃，偷走大約二萬英鎊現金（五萬六千美元）。」在朦朧之中，據說有貨車不慎衝進泰晤士河。火車撞上行人、汽車或其他火車。曾經有架飛機衝出跑道[註8]，發生爆炸。（「從飛機失事到起火燃燒期間，救援人員根本找不到失事飛機。」）起霧的日子裡，救護車需要有人徒步引導[註9]；學校停課；至少一支送葬隊伍[註10]走散迷路；即使在室內，能見度也可能只有幾十公分；戲院裡的觀眾看不到台上的演員。

一九五二年十二月初，寒流來襲，一團高氣壓移到倫敦上空，上層的暖空氣罩住底下的冷空氣。人們為了對抗低溫，燃燒更多煤炭，製造更多空氣汙染。在幾乎無風的狀態下[註11]，**霧霾**加重，籠罩在地勢較低的城市上空。那次事件造成數千人死亡，多半都是幼兒和老人，因為髒空氣導致呼吸道疾病加劇。

四年後，英國國會通過一九五六年的淨化空氣法案，一九六八年又頒布第二個反空汙法案，豌豆湯霧從此走入歷史，變成倫敦舊聞。如今換成北京、上海、德黑蘭、新德里和洛杉磯等城市，在天氣、地形、車輛與工業交互作用下，形成盤旋都市上空的濃厚髒空氣。城市霧霾有多骯髒汙濁，紐芬蘭的霧就有多純淨清新。那裡的霧由兩道洋流結合而成：來自拉布拉多洋流的冷空氣冷卻了墨西哥灣流的暖空氣，使它凝結成霧氣裡的細小水珠。

坎特威爾：「它並非像窗簾一樣遮蔽下來，但也相去不遠了。」

加拿大海岸防衛隊助航處主任保羅・鮑爾寧（Paul Bowering）說：

「我們停泊在港內的時候^(註12)，

可以看到一縷縷霧氣從水面升起。

它向陸地飄過來，籠罩一切，包覆一切。」

加拿大海岸巡防艦「泰瑞福克斯號」（Terry Fox）的指揮官

大衛‧佛勒（David Fowler）上校說：

「一旦溫度降下來[註13]，我們就切換成『盲目駕駛』模式。」

佛勒上校：「在濃霧裡，我們精神緊繃。
你的感官高度戒備。你等著、看著。」

鮑爾寧主任：

　　「經過一段時間以後，

　　　　　　你會有點按捺不住，

開始

　　自我懷疑。」

佛勒上校：「去年夏天外海起霧，我們在航行，留意岸上燈光，留意冰山。當時我心想：
『哦！我看見那邊有燈光。有沒有其他人看見？』沒有，沒人看見。我以為我看見了，
事實不然。我查了雷達圖。喔，燈塔還在五公里外，而我們的能見度不到八百公尺，
我不可能看得到。我沒辦法想像以前的人沒有雷達怎麼航行。

　　　　他們只能摸索前進，
　　　　　　也許連續幾天看不到任何東西。
　　　　　　　　他們側耳聆聽船頭破浪的聲音，
　　　　　　　　　　聆聽喊叫聲，或岸上的馬匹聲。（註14）」

坎特威爾：「即使是你熟悉或住了一輩子的地方，只要霧氣盤旋在地面上方，
你就看不到任何地標。突然之間，你會說，我得往『那個』方向去！
可是你多半會選錯方向，最後變成在原地打轉。一旦你開始繞圈圈，
你就迷路了，徹底迷失。霧就是這樣，它會讓你失去方向感[註15]，讓你迷惘。」

一八五〇年，蒸汽船「北極號」（Arctic）首航時，《紐約時報》刊登了一篇報導：「這年頭幾乎沒有任何海上奇觀足以令我們痴迷讚嘆……北極號（是一座）『海上皇宮』云云，這點大家都知道了。如今就連最小氣的船客都想徜徉在皇宮裡，否則他就會牢騷連連。」《紐約時報》還說，北極號擁有最先進的發動機技術，有最精密的支柱與鉚釘讓船身更堅固。美國船業鉅子愛德華·奈特·科林斯（Edward Knight Collins）造過許多「史上最堅固船隻」[註16]，一般認為北極號首屈一指[註17]。人們說它是「速度最快的蒸汽船」[註18]。北極號的年代比鐵達尼號早六十年，船艙設備的豪華程度很令人驚豔：全船皆有暖氣，餐廳雅致，女士的交誼廳與男士的吸菸室都以大理石、鏡子與金箔裝飾。北極號上沒有統艙。[註19]

一八五四年九月二十日，北極號從利物浦出發駛往紐約，預計短短九天抵達目的地。[註20] 二十七日星期三，北極號來到[註21]紐芬蘭外的大淺灘，即斯必爾角在北方、瑞斯角在西南方九十五公里處時，大霧籠罩全船。當時是正午時分。午餐鑼聲不久就會響起。來自都柏林的侍者彼得·麥凱布（Peter McCabe）那時二十四歲，事發當時他正在準備午餐。「我從二等艙走出來，要送玻璃杯到餐桌……碰撞發生時，我正在爬樓梯。」

法蘭西斯·多利安（Francis Dorian）是北極號的三副。「我先是聽見『右滿舵』的號令，接著立即明白出事了。」

北極號撞上另一艘船，是法國籍的鐵殼螺槳船「維斯塔號」（Vesta）。在濃霧中，兩艘船看見彼此的時候已經太遲。

多利安：「我趕到甲板，發現兩艘船相距不到七公尺。我站在那裡盯著我們的船，滿心希望它能夠趕緊移動。維斯塔號攔腰撞上北極號的吊錨架。」

詹姆斯·史密斯（James Smith）是頭等艙乘客。「我從艙房走出來。」

麥凱布：「船的側身被撞破了，海水大量灌進來，淹沒引擎的底板。」

史密斯：「我看見魯斯船長（Captain Luce）站在明輪·殼上發號施令，很多高級船員和男性乘客在甲板上奔來跑去，顯然已經驚慌失措，好像不知道該做些什麼，又好像什麼事也做不來。」

多利安：「全船的人彷彿都陷入瘋狂。」

船上有六艘救生艇，位置只夠容納全船一半人數。船員們乘坐第一艘救生艇去察看災情，很快消失在迷霧中。

史密斯：「女士和孩童開始集中到甲板上，焦慮的眼神充滿疑問，卻得不到希望與安慰。夫妻、父女、兄弟姊妹相擁而泣，或跪在一起，向全能的上帝求救。」

麥凱布：「我……看見四個人從北極號明輪底下的螺槳摔落，他們不可能獲救，也從此音訊全無。」[註22]

北極號的工程師和大多數高級船員坐上剩餘的五艘救生艇其中四艘開溜之後，人們爭先恐後想擠上最後一艘救生艇。其他人發現那樣行不通，就開始拆卸門板和木板，充做應急木筏。乘客把握最後一刻，大口灌酒，撲向女人。有些人跳海，也有人不慎落海。[註23]

史密斯：「船開始沒入水中，最先是船尾，船身下沉時……我……聽見海水灌進全船船艙，前後大約三十秒到一分鐘，當時甲板上還有很多人。」

喬治·本恩斯（George H. Burns）是亞當斯貨運公司的快遞員。「我聽見一聲失控的尖嘯，到現在還迴盪在我耳畔。我還看見北極號和奮力求生的人們瞬間被大海吞沒。」

---

* 譯註：明輪又稱明輪推進器，是船舶的一種推進工具，利用明輪轉動，葉片撥水來推進船舶，因結構笨重、效率低，後來被螺旋槳取代。

詹姆斯‧卡涅根（James Carnegan）的哥哥

是北極號司爐。「船下沉十分鐘後，

救生艇被水流拉向北極號下沉地點，

現場只剩幾具穿著救生衣的女屍。」

湯瑪士‧史丁森（Thomas Stinson）

是高級船員的服務員。

「我們根據一具屍體的衣服，

認出那是女服務員領班。」

北極號上全部四百零八人之中，

只有八十六人生還。(註24)

最近某個七月天，霧鎮斯必爾角。每隔五十六秒，低沉的霧角叭叭叭地響了許久，號角聲結束後，餘音依然繚繞空中。如果你對這地方不熟悉，就不會知道那鋸齒狀峭壁在哪裡沒入大西洋，你來的那條路又在哪個方向。眼前沒有視野，沒有景觀，只有清一色輕柔潮溼的白。偶爾霧氣會稍稍散開，顯露出模糊形體，之後再度閉合。斯必爾角的建築物——十九世紀的老燈屋與一九五〇年代的新

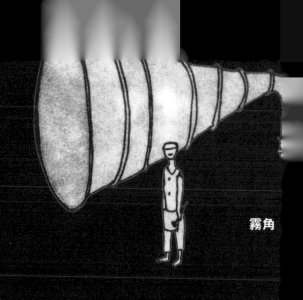

霧角

燈塔——即使映入眼簾，也只剩最朦朧的虛幻輪廓。只有你腳下那一方土地清晰可見。在那裡，高高的青草迎著微風左歪右倒。野花處處，有苜蓿、鳶尾草、毛茛，以及行將凋謝的蒲公英那挾帶種子的毛球。沫蟬把自己裹在泡沫裡，掛在露珠點點的花莖上。

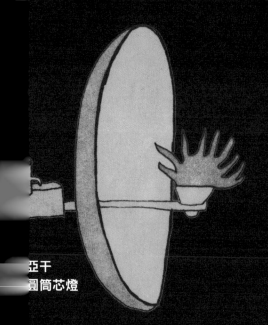

亞干
圓筒芯燈

在斯必爾角晴朗的日子裡，你可以把視線投向大海另一邊，伸長脖子遙望北方的陸地，那是格陵蘭最南端的法韋爾岬角（Cape Farewell）。你可以觀賞鯨魚噴水、冒出海面，再以流暢、徐緩的弧度潛入水中。你也能看見西北方的聖約翰港窩在呈V字型的兩片緩降坡後方。過去北美洲最東端曾有一塊標示牌，不過被風吹走了，還沒裝上新的。

長久以來，浮標、霧角、信號燈站等助航設備發送出警示訊號，協助行船人判斷自己的位置，也引導他們維持安全航線。

斯必爾角的第一盞信號燈是二手貨，一八三六年從蘇格蘭福斯灣的基斯島（Inchkeith）送達，那裡曾是瘟疫與梅毒患者的隔離區。那盞燈有七個火口，使用棉質燈芯，燃料則是取自抹香鯨或海豹的油。銅片襯底的閃亮碗碟狀圓盤像光環般圈圍住火焰，將光線反射聚集成強力光束，照向空中。七個火爐置放在環形金屬裝置上，透過旋轉投射出斯必爾角的識別信號：十七秒亮光，之後是四十三秒的黑暗。水手們只要留意亮光閃現的次數，再計算黑暗的時間，辨識出信號燈站，就能推測自己的所在位置。

坎特威爾：「這是全紐芬蘭最古老的燈屋。我指的是真正的燈屋，就是有一盞真正的燈，有間可以住人、可以讓人在裡面生老病死的屋子，所以才叫燈屋。它有自己的生命，它有心臟，燈就是它的心臟，在那裡怦怦跳動。懂我意思嗎？」

一九三〇年，斯必爾角有了電力。到了一九五五年，信號燈從原來看守人和妻小居住的燈屋移到附近一座塔裡，那裡有自動化設備，再也無需有人入住做全天候管理。

如今燈塔裡的燈是鮮綠色稜鏡，有三片「牛眼」透鏡。它的形狀像巨無霸足球，裝設在燈塔頂端的燈室裡。燈塔的光線可以傳到三十二公里外。目前的專屬信號是每十五秒閃三下：一、二、三、閃；一、二、三、閃；一、二、三、四、五、六、七、八、九、閃。

原有的燈屋予以保留，改成博物館，重新裝修成一八三九年的模樣。主臥房有白色棉被和藍色圖案壁紙。小茶几上擺著一把捲鬍夾。

坎特威爾：

「霧角以非常緩慢的速度走入歷史。」

佛勒上校：「這個時代，航海已經無需仰賴霧角和燈塔。但有些小型船隻，比如漁船和觀光船，仍偏好使用燈塔和霧角。他們看見燈光，靠它帶路回家。可是現代的專業船員覺得那些東西很多餘。」

然而⋯⋯

鮑爾寧：

「大部分的航海人員就算有雷達，只要視線清楚，他們仍然喜歡往外眺望，喜歡看到浮標、聽見霧角時那份安心感。」

坎特威爾：

「曾經有個船長告訴我：『電子儀器是很了不起，雷達啦、全球定位系統啦、衛星導航啦，這些都很不可思議。可是，』他說，『衛星會故障，全球定位會失靈，雷達也會壞。燈塔不會移動，那才是你能依靠的東西。』」

佛勒：

「有時候，你航行出它的範圍，大霧彌

漫。然後，突然之間，你轉過頭來看見它，一清二

楚，真實得像一堵牆。啊，我們有依靠了，走對方向

了。如果你原本航行速度緩慢，這下子就能加速了。這時你

可以走向咖啡機，給自己倒杯咖啡，找張椅子坐下來，看著窗

外，重新體驗生命的美好。」

坎特威爾：「海水藍得發亮，非常美麗的藍。如果陽光燦爛，你會

發現它有多麼湛藍，多麼清澈。還有空氣，你光是吸它幾口就醉了。它就

是這麼乾淨、清新。」

鮑爾寧：「當你能夠環顧四周，看看身邊的景象，會覺得很放心，儘

管下一場霧隨時會聚攏過來。」

77

第五章

風

「在

佛羅里達礁島群

和

非洲之間（註1），

什麼

都

沒有。」

「只有

一片

無垠

大海。」

二〇一〇年九月，六十歲的耐力泳將黛安娜·奈雅德（Diana Nyad）打算從古巴游到佛羅里達[註2]。她計畫不眠不休整整游個三天三夜。她可能會反胃、氣喘、被水母螫傷，也可能會碰到鯊魚。（「我一點都不怕痛，」[註3]奈雅德在一九七八年出版的自傳裡這麼說。）她鍛鍊體力的方式包括舉重、騎自行車、跑步，以及做十、十五、二十四小時的海泳。她準備好需要的簽證，找來專業顧問組成支援小組。現在，只待合適的天候到來。

奈雅德：「風一直從東邊吹過來，始終不肯停歇，我們實在挫折透了。
要做古巴海泳，能夠碰到無風狀態是最好的，不然南風也行，甚至西風也差強人意，東風卻會要人命。
東風連吹九十天，風勢不強，卻很穩定。
那裡有個女人是懷特布萊德環球帆船賽（Whitbread Round the World Race）* 選手，
在全球的賽事都有傑出表現，她帶我和我的首席體能訓練師走到西礁島碼頭面向大西洋的那一側。
她說：『把你們的舌頭吐出來。』於是，我們三個人站在那裡，在微風中吐著舌頭。
然後她問：『有什麼感覺？』我們覺得嘴巴裡有某種易脆顆粒。
然後，我們不約而同地告訴她：『哇，是鹽巴。』
她說：『不。那是撒哈拉的沙。』如假包換的撒哈拉沙漠沙粒。」

夏天的時候，通常是六月和七月，撒哈拉的細沙可以一路橫越大西洋，吹到佛羅里達，
造成朦朧的天空與火紅的夕陽。

空氣在地球表面的水平運動會形成風。
從地球的角度來看，太陽的熱度與地球的自轉形成我們所知的信風、盛行西風和極地東風。
這些帶狀氣流會緩和區域性氣候，也是噴射客機的助力。

太陽照射在赤道的光線比在兩極更為直接，因此，大氣層接收到的熱度並不平均。**
溫差導致大量空氣上升或下降，推進或攪動。
暖空氣會上升，飄向兩極，此時，涼爽空氣便填入暖空氣下方。
整個過程中地球不停在轉動，把風兜住，成為包覆地表的隱形環帶。
當然，也有規模較小的風，比如陣風、強風、颶風或颱風，
這些風是氣流受到季節性溫度變化與地形影響所致，
例如高山或低谷、建築物或森林，以及各種水體與陸地區域吸收與輻射熱度的方式不同。

* 譯註：此賽事現已更名為沃爾沃環球帆船賽（Volvo Ocean Race）。
** 譯註：最主要的因素是在赤道上太陽位於正上方，而在兩極太陽則從一個傾斜的角度照射。

風可以造就某個地區的特性。

「西洛可風（scirocco）是一股來自東南方的暖風，可以持續三到四天。」

英國小說家彼得‧艾克羅德（Peter Ackroyd）寫道，

「它被認為是[註4] 威尼斯人注重感官享樂、懶散放逸的禍首。

人們說它的潛移默化讓當地市民變得消極，甚至陰柔。」

英裔美籍小說家雷蒙‧錢德勒（Raymond Chandler）曾經在短篇小說裡描述加州那些搧動野火的風。

「那種從山間小徑吹拂下來、捲起你的髮絲、讓你神經一緊、皮膚搔癢的風，

就是溫熱乾燥的聖塔安娜風（Santa Anas）[註5]。

在那樣的夜晚，所有酒宴都以鬥毆收場。

平時溫婉柔順的人妻會一邊輕撫雕刻刀刀鋒，

一邊研究丈夫的頸子。」

焚風症（Föhnkrankheit）是跟焚風相關的疾病。

在中歐令人聞之色變的焚風是一種乾燥的下坡風，

據說會讓人頭痛、失眠、抑鬱，甚至會增加自殺及凶殺命案。

瑞士的法官審判焚風期間的犯罪案件時，通常會將焚風列入減輕刑度的考量因素。

德國籍諾貝爾文學獎得主赫曼‧赫塞（Herman Hesse）

在一九〇四年的作品《鄉愁》（Peter Camenzind）裡的瑞士籍主角曾說道：

「焚風的咆哮日以繼夜不絕於耳[註6]，遠處的崩雪衝擊碎裂。

洪流奔騰怒吼，夾帶大卵石與斷裂木塊，

將它們捲上我們這窄小狹長的土地與果園。

焚風熱症擾得我輾轉難眠。

夜復一夜，我既痴迷又恐懼地傾聽暴風雨的嗚咽、雪崩的巨響，

以及湖泊狂濤的拍岸聲。

在這段對抗熱症的春日時節，我的相思舊疾再度失控。

這回它勢不可擋，逼得我中夜起身，探身窗外，

向暴風雨吼出對伊莉莎白的愛……

我經常覺得美麗的她就站在近旁，對我嫣然一笑。

只是，當我朝她前進一步，她就後退一步……

我像個染病之人，忍不住搔抓發癢的痛處。

我深感羞愧，但羞愧只是徒增煩惱，毫無益處。

我詛咒焚風。」

有兩個全球性風帶在赤道附近的詭譎氣候圈相逢，那就是**東北信風**與**東南信風**。這個隨季節變遷的地區名為「間熱帶輻合區」（*ITCZ*），那些偶爾被困在它的靜止空氣裡的水手則稱之為「無風帶」。(註7) 間熱帶輻合區的溼熱空氣往上升時，未必會水平移動，於是造成雷雨或烏雲密布，而且通常沒什麼風。

　　「無風帶」這個詞也被用來指稱間熱帶輻合區以外的小型無風區。這種狀態會教水手抓狂，卻是海泳者的福音。

奈雅德：「那正是我們最需要的：無風帶。沒有一絲風。對於漁夫或水手，微風吹送下的航速可能是十五節，聽起來並不快。但你想想，對海泳的人來說：你的臉在水面上，你為了吸點氧氣每分鐘轉頭六十次。你的嘴唇幾乎保持在水面上。所以，即使浪高只有十五公分，也夠你脖子受的了。

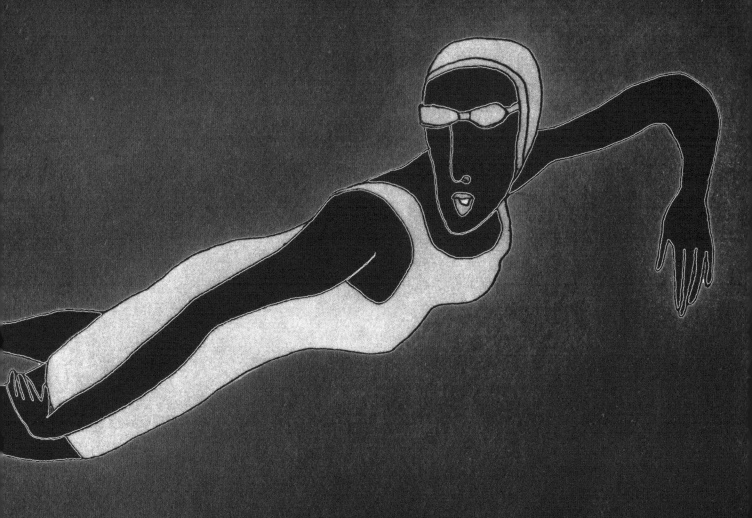

　　「現在再想像六十公分高的浪，在那些純粹搭船出海兜風的人眼中，這還算是小浪。可是六十公分比我手臂碰得到的距離高得多，所以突然之間我必須使勁壓、賣力推，努力把頭抬得很高。然而，在無風帶，海面波平如鏡。你的雙手留在水裡，你像彈弓一樣往前彈射出去，在水面上滑動。彷彿水面下有股力道，把海水往下拉，使水面保持平坦，不讓波浪掀起。」

奈雅德的希臘籍繼父亞里斯多德・奈雅德（Aristotle Nyad）
長相英俊、生性精明，以「賭博、撒謊和偷竊」(註8)為生。她小時候繼
父會讀希臘史詩《奧德賽》（*Odyssey*）給她聽，也會帶她出海釣魚。
二○○五年，她寫了一篇關於繼父的文章，刊登在《新聞週刊》上。

「我五、六歲的時候，有天晚上（註9）亞里斯翻開家裡的足本大字典，叫我過去。他的手指滑過紙頁，找到N字部，指著naiad這個字。那是我的姓氏（亞里斯幾代前的祖先把姓氏拼法改成了Nyad）……naiad的第一個字義：『出自希臘神話，代表在湖泊、噴泉、河流與大海游泳，為天神保護那些水域的小仙女。』第二個字義：『游泳比賽女冠軍。』亞里斯對我眨眨眼，我們倆都知道這是我的天命。」

在《奧德賽》裡，風神埃奧洛斯（Aeolus）給在大海上歷經多年苦難與險阻的奧德修斯（Odysseus）一只牛皮袋，裡面裝著「從四面八方呼嘯而來的風」（註10），

也從西方召來一陣有利他航行的風。眼看埃奧洛斯的禮物就要帶著奧德修斯和他的水手順利返鄉，陸地在望。「家鄉近在咫尺，我們看得見岸上的男人在升火。」奧德修斯說。

疲累不堪的奧德修斯如釋重負，不知不覺睡著了。他那些焦躁不安的水手在他身邊徘徊，打量那只袋子。他們在想，裡面一定藏著貴重的黃金白銀，而他們的船長打算獨吞這批財富。於是，眾人趁他熟睡之際偷走皮袋。「無可挽回的舉動……所有的風瞬間爆發出來。」（註11）

氣流翻騰攪滾，猛烈暴風形成，把他們的船重新吹回大海，回到埃奧洛斯的島嶼。奧德修斯求埃奧洛斯再賜他一陣和風，但埃奧洛斯毫不留情。「離開我的島，快，你這最不祥的人！……竟然這樣爬回來，看來諸神憎恨你！出去！滾出去！」這段插曲害得奧德修斯顛沛流離的旅程延長將近十年。

每個穆斯林
都要做到五大
基本功課，
其一是一生
之中必須前
往麥加朝聖
一次。（註12）

穆斯林的朝聖活動始於第七世紀，意在追溯傳說中先知穆罕默德走過的路徑。在過去的年代，前往麥加的旅途十分艱鉅，耗時數月，甚至數年，更有人一去不返。如今，每年超過三百萬名的朝聖者之中，大多數搭機飛到沙烏地阿拉伯吉達市的阿布都拉阿齊國際機場的朝聖專用航站大廈，距離麥加的大清真寺大約一小時車程。

大清真寺室內外空間總計將近三十六公頃，正中央有一處庭院。在這個露天中庭中央就是回教最神聖的地點卡巴聖殿（Kaaba），世界各地的穆斯林每天禮拜時都面向這裡。卡巴聖殿是一座立方體建築，回教的神物黑石（Black Stone）的碎片就鑲嵌在東側角落。黑石據說是從天堂掉落下來的。回教朝聖活動有一個名為「塔瓦夫」（tawaf）的重要儀式，朝聖者需以逆時針方向繞行卡巴七圈，每次經過黑石，都會象徵性地親吻這個神物。

當大批信徒湧入沙烏地阿拉伯豔陽下的這個狹窄地點，大清真寺的中庭會形成它自己的微型氣候：炎熱、沒有一點風。朝聖人數年年成長，未來估計有增無減。為了因應朝聖需求，阿拉伯政府在大清真寺著手進行連串頗具爭議的擴建與整修工程[註13]。安東・戴維斯（Anton Davies）是加拿大RWDI工程顧問公司（Rowan Williams Davies and Irwin）的風力工程師。RWDI受託研究大清真寺的風力動態，設法為大清真寺創造些許涼風。

戴維斯：「這裡通風不足。⁽註14⁾人太多，周圍的建築物也太多，空氣幾乎不流動，也就是沒有一點風。

「朝聖的時間是根據陰曆制定。目前剛好落在一整年最熱的期間，白天氣溫飆上攝氏四十三度到四十八度。太陽高掛天空熱力全開，很多人中暑暈倒。三百萬人擠在一個非常、非常小的地方，汗流浹背。有時候溼度會升到百分之百，水氣無法從皮膚蒸散，只能以汗水的形式停留在皮膚上。一旦出現這種情形，你的體溫會不斷攀升。我們想要製造風，而且我們要製造的微風還得真的有涼意。問題在於：你要如何調節室外的空氣？」

RWDI查看卡巴北側建築物的構造，思索如何加以運用，為大清真寺降溫。那些建築物都有五層樓高，可容納三十七萬五千人。他們規劃在外牆以外的區域設置幾十把大陽傘遮蔭。

戴維斯：「最後我們在那些建築物裡裝設超量空調，讓裡面的冷氣飄出中庭。你路過購物中心時應該體驗過冷氣從走道竄出來的感覺。足足二十萬噸的冷氣。經過調節的冷空氣比外面的熱空氣重得多，所以它會從建築物裡湧出來，因而帶動空氣流動。室內外空氣的交換鼓動陣陣微風，不但汰換了空氣，也讓溼度維持在相對低點。

「從建築物流出來的冷空氣會在陽傘下流動。陽傘的作用有點像天花板，避免過多冷空氣與周遭空氣混合，如此一來，冷空氣就能保持涼爽，跟朝聖者的距離更近，停留的時間也更長。他們只會感覺到陣陣微風。」

奈雅德：

　　「我又能怎麼辦？跟突然颳起的風生氣嗎？

或者放棄？這麼做都沒有用。我會繼續游，心想，嗯，目前狀況好像很完美。我的

　狀況好極了，天氣平靜無波，一切都很完美，不過別奢望未來兩天半都有這種好

　　運。不可能的，妳的狀況不會一直很好，妳會有高低起伏，會登上高

　　　峰，也會跌到谷底。如果掉進谷底，妳就得咬牙撐過去。當浪頭打

　　　　高，天氣轉壞，風勢增強，不管是在訓練期間或正式挑戰，我

　　　　　都會告訴自己，問題不在水面上的狀況。就算海浪任

　　　　　　意撲打，就算我喝到海水，就算我的手臂和肩膀必須使命搏

　　　　　　擊，而不是沿著水面順暢滑動，我也無能為力。但我可以

　　　　　　控制水底下的事，我把手臂收進水面下，手肘保持正確角

　　　　　　度，手掌準備好以最高效率往後推，順勢把自己彈射出去。

「找聽者自己的呼吸聲。聽
起來是（低沉喉音、有節奏的）
『嗚呵——嗚呵，嗚呵——嗚呵』。我緊貼水面
呼吸，聲音聽起來更洪亮，因為水會傳遞聲波。我的手過來
了：右手每六秒一次，左手每六秒一次。所以除了呼吸聲之
外，你還聽見手掌進入海水時的『促促』聲，
後方的踢腿聲是『啪——啪——啪，啪——
啪，啪。』
「有一種
節拍器
的感覺。
那聲音幾乎有點像胎兒在羊水
裡的呼吸聲。」

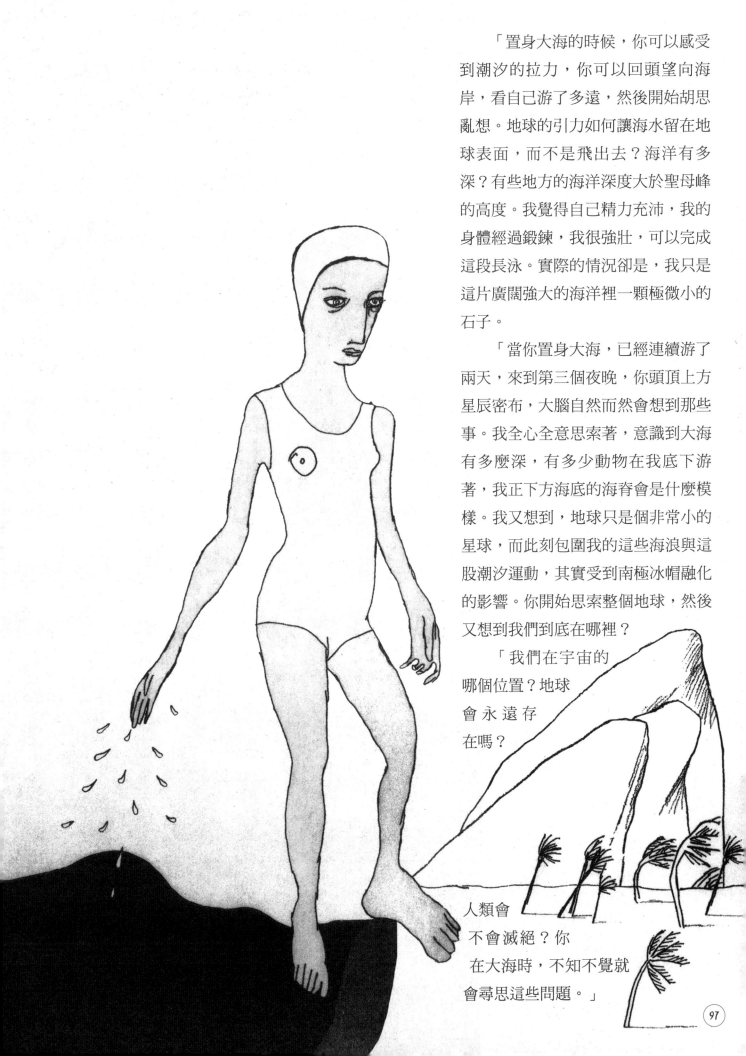

「置身大海的時候，你可以感受到潮汐的拉力，你可以回頭望向海岸，看自己游了多遠，然後開始胡思亂想。地球的引力如何讓海水留在地球表面，而不是飛出去？海洋有多深？有些地方的海洋深度大於聖母峰的高度。我覺得自己精力充沛，我的身體經過鍛鍊，我很強壯，可以完成這段長泳。實際的情況卻是，我只是這片廣闊強大的海洋裡一顆極微小的石子。

「當你置身大海，已經連續游了兩天，來到第三個夜晚，你頭頂上方星辰密布，大腦自然而然會想到那些事。我全心全意思索著，意識到大海有多麼深，有多少動物在我底下游著，我正下方海底的海脊會是什麼模樣。我又想到，地球只是個非常小的星球，而此刻包圍我的這些海浪與這股潮汐運動，其實受到南極冰帽融化的影響。你開始思索整個地球，然後又想到我們到底在哪裡？

「我們在宇宙的哪個位置？地球會永遠存在嗎？

人類會不會滅絕？你在大海時，不知不覺就會尋思這些問題。」

第六章

高溫

火是地球生態系統中自然的一環。林火能清理森林的灌木叢，為新樹苗騰出生長空間。火還能增加土壤肥力，助長種子發芽。人類許久以前就學會控制火焰來取暖、照明、煮食、耕種、嚇阻掠食動物。

火也能造成破壞與毀滅。

科學家相信，乾旱延長、氣溫破表之類的氣候變遷，（註1）是致災性野火越來越頻繁的原因。

「世界各地的林火變多（註2）、林火氣候更加極端，野火活動也更趨激烈，」大衛・鮑曼（David Bowman）說。鮑曼是澳洲塔斯馬尼亞大學環境變遷生物學教授，也是《大地之火》（*Fire on Earth*）的作者之一。「野火已經變得有點像地球上的紅疹。」

鮑曼：「我們觀察到異常的林火行為。（註3）比如徹夜燃燒的林火；無法自行熄滅的火；接連燃燒幾星期、幾個月的火。消防隊員說，他們目睹了過去從來沒有經歷過的現象。

「野火要比洪水更戲劇性。它幾乎是瞬間發生，轉眼間讓一個世界變成另一個世界：原本的翠綠森林一轉眼成了焦黑大地。只要條件具足，只要火勢失控，你就奈它莫何。你要想的是如何求生存，而不是滅火。它就像頭野獸，像條蛇，帶有一種驚悚的美。」

二〇一〇年十二月，以色列迦密山（Mount Carmel）的森林起火燃燒。那年以色列的高溫破了歷史紀錄，森林乾燥缺水，根據耶路撒冷與海法市氣象監測站的紀錄，該年度的降雨天數是八十年來新低。(註4)迦密山這場森林大火造成數十人身亡，超過五百萬棵樹木化作灰燼。以色列求助國際社會(註5)，包括美國、俄國、英國、法國、西班牙、埃及、約旦、塞普勒斯、希臘、德國、土耳其，以及巴勒斯坦當局都派出人員與消防飛機馳援。「這是一場特殊的戰鬥，」(註6)以色列總理班傑明·納坦亞胡（Benjamin Netanyahu）表示。

不丹王國憲法第五條第三款規定，全國至少要有百分之六十的土地「永遠由森林覆蓋」。不丹王國以其千變萬化的風景與生物多樣性聞名於世。那裡有雲豹、獨角犀牛、小熊貓、山羚羊、赤麂、金葉猴、老虎、黑熊、野豬、狼和岩羊等動物。五十種杜鵑花爭奇鬥豔。

　　根據官方統計，五分之一的不丹百姓生活在貧窮線以下。大多數不丹人務農，種植莊稼或飼養牛隻。清理耕地最經濟的方法就是放火焚燒，農事焚燒很容易擴大成森林野火，特別是天乾物燥的冬季月分。（註7）其他火災禍首包括「玩火柴的孩童（註8）、牛群放牧者、收割香茅的農民」。風勢加上山區地形讓火勢一發不可收拾，對人類與野生動物造成威脅（註9）。

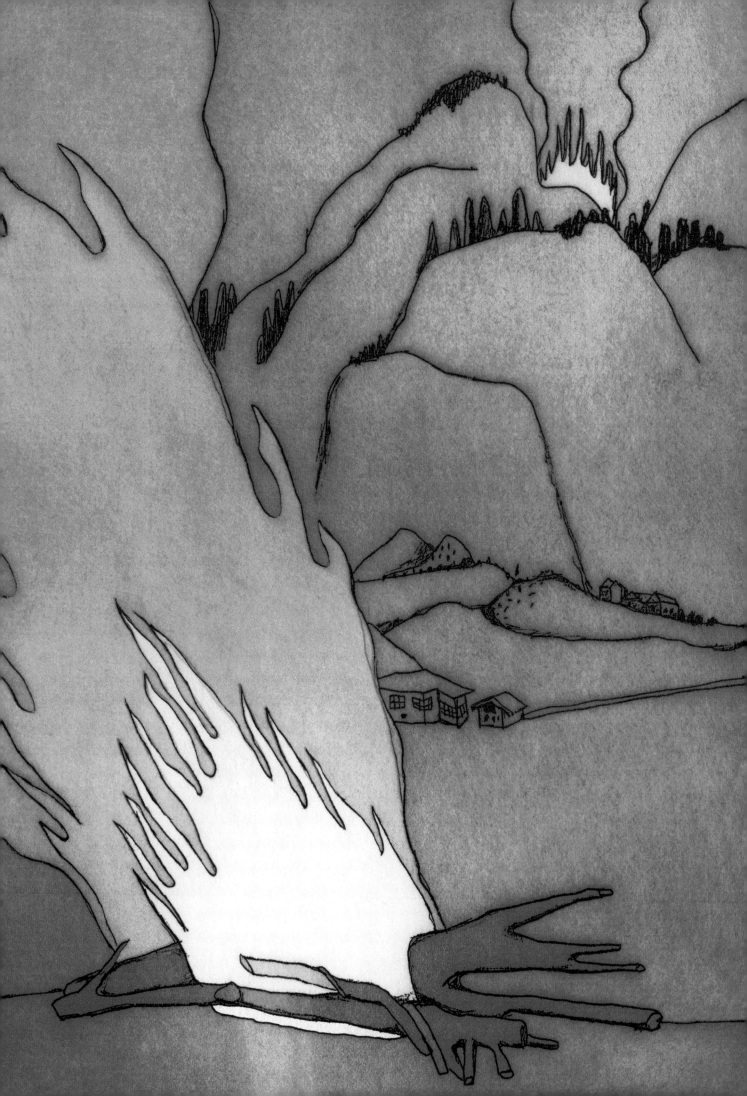

有著深色眼珠與叉型尾羽的猛禽黑鳶，在非洲、歐洲、亞洲與澳洲部分地區都能看見牠們成群結隊翱翔天際。黑鳶會被野火吸引，因為動物紛紛逃離火焰，這些狩獵兼食腐的禽鳥就俯衝而下。大衛・賀蘭茲（David Hollands）在《澳洲的鷲、鷹、隼》（*Eagles, Hawks, and Falcons of Australia*）一書中寫道：「黑鳶確實很擅長運用高超技巧在野火中獵食[註10]……我曾經在達爾文市目睹野火現場一分鐘內出現上千隻黑鳶，聚集盤旋在火場前方，因為那裡空氣上升最快。之後牠們大批飛進濃煙，幾乎鑽進火焰裡，在昏暗中迂迴轉向，捕捉那些從步步進逼的烈火中逃竄而出的昆蟲。」

澳洲氣候乾燥炎熱，容易乾旱。那裡的居民和動植物對野火早已司空見慣。原住民利用火[註11]來狩獵與捕魚。澳洲林地裡占最大宗的尤加利樹本身就含有易燃油質，起火的樹木一旦達到燃點，就彷彿爆炸似地噴出火焰。火災過後，新的尤加利種子紛紛冒出新芽。「袋鼠、小袋鼠和袋熊，」[註12]林火歷史學家史帝芬・派恩（Stephen Pyne）寫道，「需要大火後萌發的新芽提供的營養。」

澳洲人為森林大火做足準備。只是，近年來的野火卻往往災情慘重，防不勝防。澳洲的維多利亞省從二〇〇九年開始受到熱浪侵襲，高溫打破紀錄，達到史無前例的攝氏四十八・八度。連續幾個月幾乎沒有任何降雨，那年已經是第十三年乾旱[註13]。到了二月六日星期五，維多利亞省省長約翰・布倫比（John Brumby）籲請民眾取消週末活動留在家中，因為他預期當天將會是「該省有史以來最黑暗的一天」[註14]。隔天下午，墨爾本的氣溫飆破攝氏四十六度，相對溼度持續維持在百分之十以下。

上午十一點四十七分，東基爾摩鎮（Kilmore East）後方的山丘冒出濃煙[註15]。消防隊員幾分鐘內趕到，卻控制不了火勢。消防隊長羅素・寇特（Russell Court）說他看見「兩條」火舌，其中一條往南擴散，另一條向東方延燒。強風助長火苗，也把餘燼捲向空

中，引燃新的起火點。到了下午一點十九分，大火已經伸出「無數火舌」。吞噬了大量乾枯植物的大火攻上山區，躍過公路。多個起火點合併起來，噴出更多火花，引燃新的火場。

一整天下來，整個維多利亞省不斷出現新的起火點，一大片長條形的火焰往東南方推進。下午五點三十分左右，風勢轉向了。

「風向改變的結果是，」[註16]墨爾本大學野火生態學家凱文・托赫斯特（Kevin Tolhurst）告訴澳洲廣播公司，「長達五十公里的火焰翼側忽然變成大火的前鋒。於是，原本五、六公里寬的野火，擴大成五十公里寬的野火。」家住聖安德魯斯鎮（St. Andrews）的吉姆・巴魯塔（Jim Baruta）站在他的山頂住家望著野火延燒過來。「那根本就是颶風[註17]，燃燒的颶風。」

就在後來被稱為「黑色星期六」這天，維多利亞省的大火延燒上百萬畝土地，造成一百七十三人死亡。

在馬里斯維爾鎮（Marysville），百分之九十的建築物毀於大火，三十四名鎮民罹難。所有消防隊員的家都付諸一炬。[註18]消防隊長葛連・菲斯克（Glen Fiske）的妻兒也在大火中喪生。當天達洛・赫爾（Daryl Hull）在馬里斯維爾的交叉口旅館工作，後來他在負責調查「黑色星期六」的皇家委員會陳述所見所聞。當時他身旁的樹木著火紛紛倒塌，他別無他法只能潛進湖水裡。

「所有的東西都燒起來了[註19]……橙色火苗悄悄鑽過湖岸草叢，彷彿有了生命似的……我游到湖心……聽見一聲爆炸，到處都是紅通通的火光，大批餘燼灑在我身上。餘燼接觸水面時發出嗞嗞聲響，我潛入水中躲避。在水裡看見餘燼落下來，像隔著綠色玻璃看見橙色光線……我浮出水面的時候，看見面前的學校陷入火海。有兩輛車快速衝到湖邊。我聽見車門打開，有兩個男人和一個小孩的聲音。我一度以為他們也會跳進湖裡，但他們沒有。我不知道他們到哪裡去了，之後那兩輛車爆炸了。」

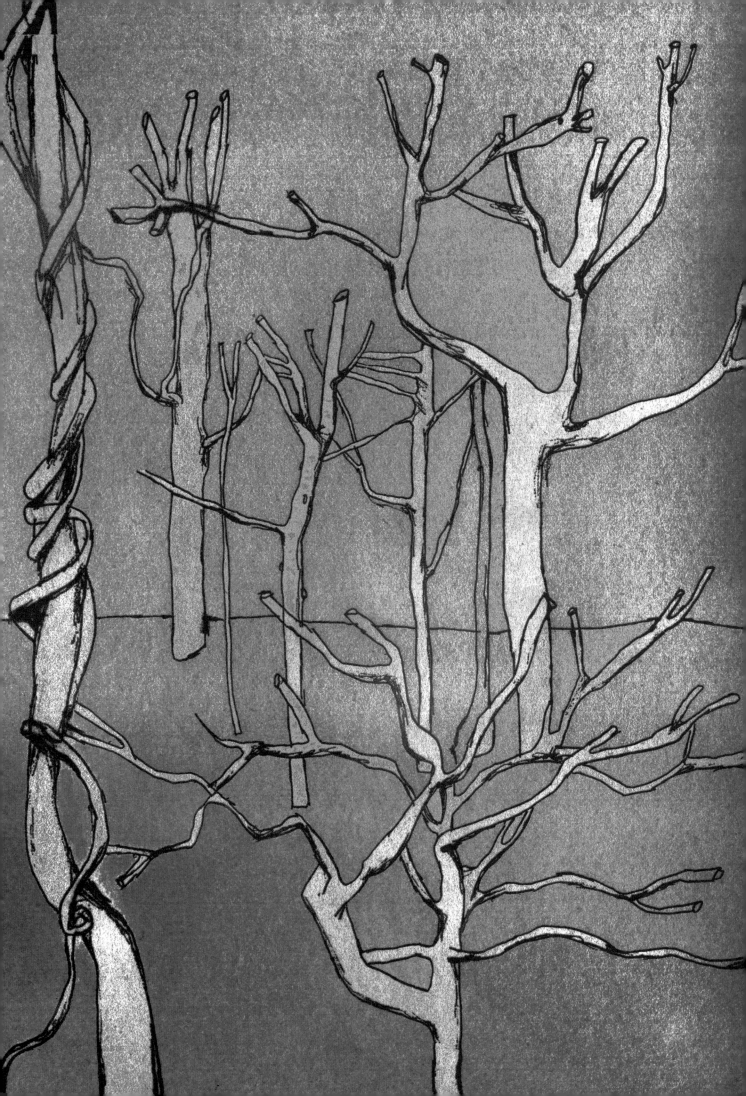

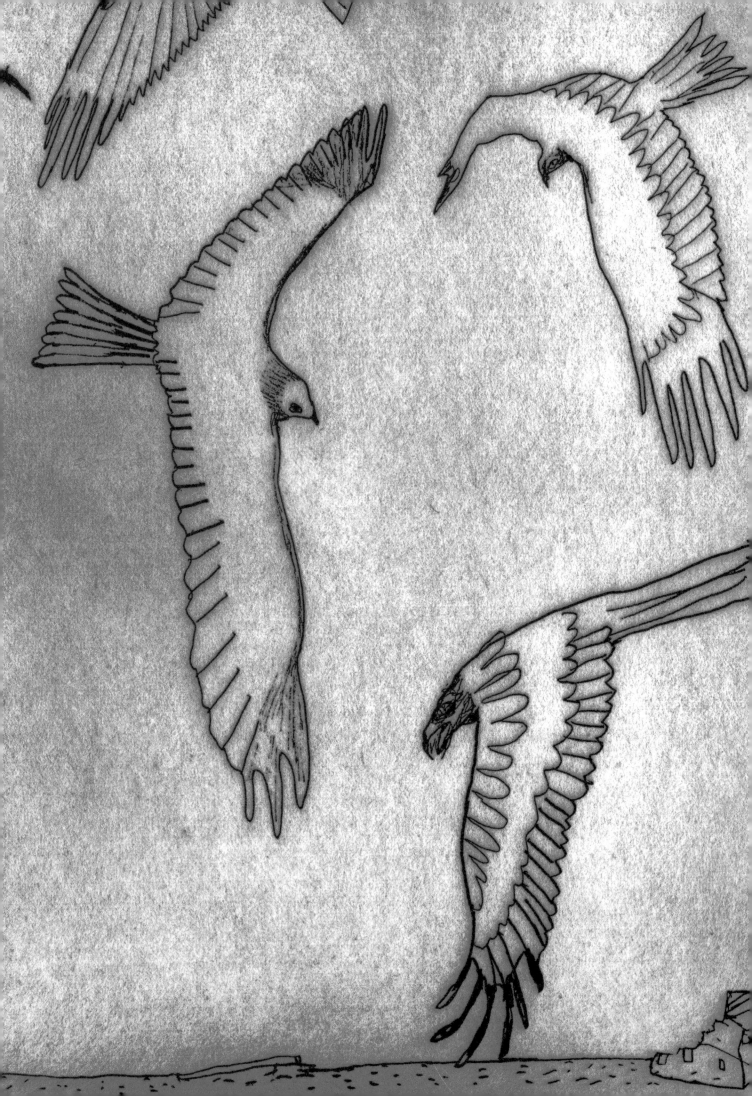

「幾乎所有地方的火災風險都升高了（註20）。」史丹佛大學森林生態學教授克里斯・費爾德（Chris Field）二〇一三年接受《紐約時報》採訪時說。哈佛大學最近有一項研究發現，到了二〇五〇年，美國西部大型野火的發生率會倍增，某些地區甚至高達三倍。火災季節會延長，空氣中的煙霧將變得更濃。（註21）近幾年來，包括美國、歐洲、南美洲、南非等國家都發生過致災性野火。在世界各地，越來越多人遷居到「紅色區域」，或稱「荒野與都市交會區」。那些地方位在都市發展末端，鄰近未開發土地，野火最容易引發致命衝擊。

就連西伯利亞也著火了。（註22）二〇一〇年，俄國各地氣溫刷新紀錄（註23），許多地方飽受乾旱之苦。根據俄國國家通訊社（Telegraph Agency of Russia）報導，二〇一〇年西伯利亞地區發生將近二千起野火。《西伯利亞時報》（The Siberian Times）指出，這些野火總共造成五十多人死亡，穀物減收四分之一（註24）。俄羅斯緊急情況部（The Emergency Situations Ministry）表示，某些地區的野火以每分鐘一百公尺（註25）的速度延燒。二〇一二年的情況最嚴重。（註26）那年八月，俄羅斯總理狄米崔・麥維德夫（Dmitry Medvedev）前往西伯利亞西南部的鄂木斯克市（Omsk）視察。他說：「野火的形勢很不尋常。」（註27）

第七章
天空

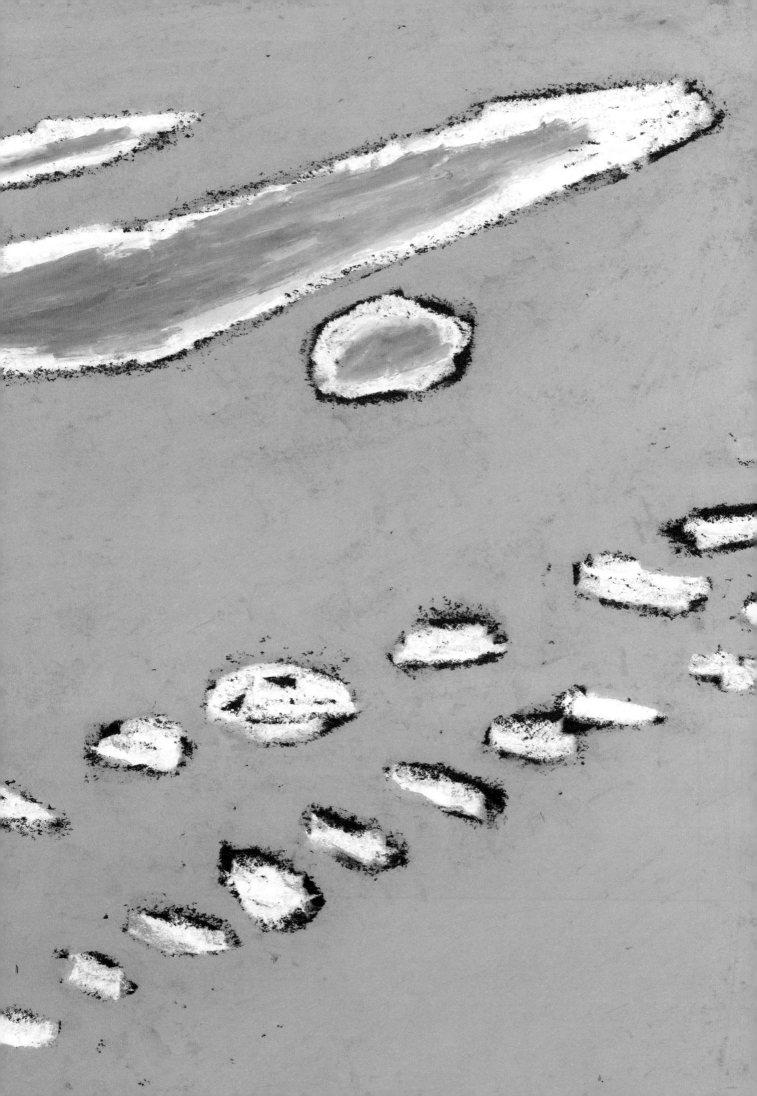

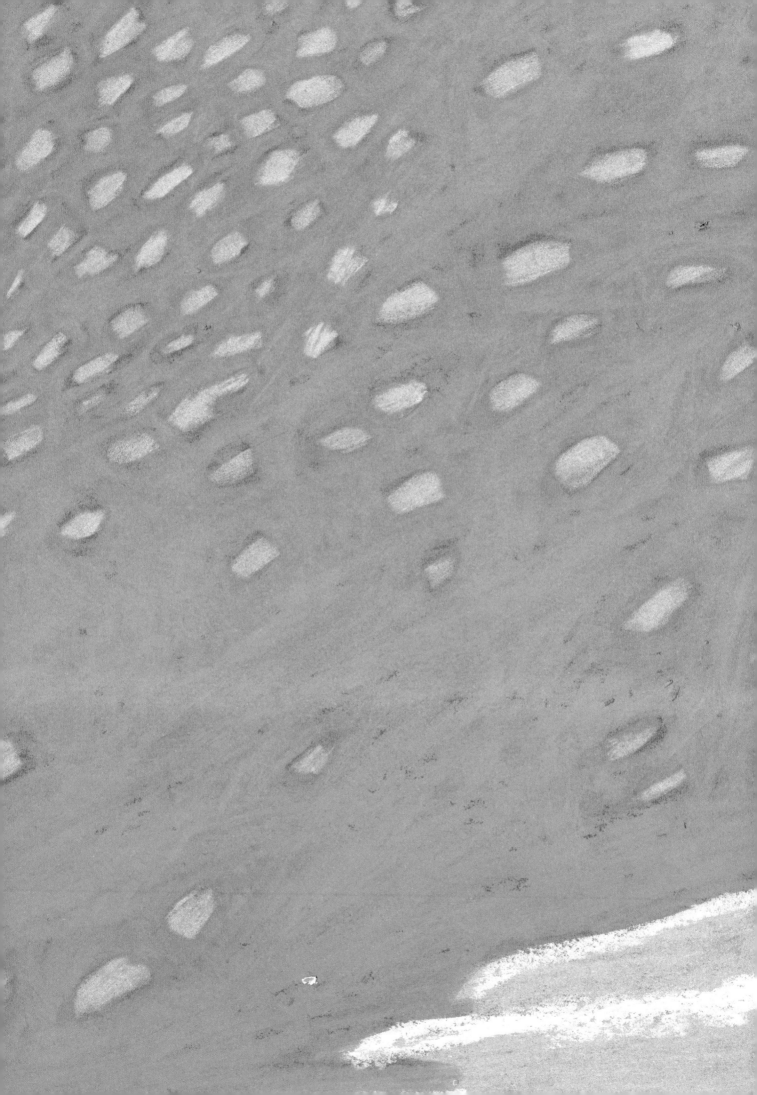

第八章

主控權

一〇一一年十二月十七日，北韓最高領袖金正日辭世。兩週半後，北韓閱讀率最高的國營英文報紙《勞動新聞》網站首頁刊登三張空靈縹緲的照片。該報以〈絕美霜花〉為題，呈現兩江道一處村莊的系列冬景。兩江道是北韓北部行政區，毗鄰中國。那些照片優美如畫，是掛著閃亮冰晶的修長白樺枝椏與落葉松針葉，就像耶誕賀卡裡的畫面。背景是鑽藍天空。這種冬季的「奇妙天然景觀」（註1）在那個村莊實屬罕見，因此被視為是金正日的手筆。那篇報導指出，當地居民「異口同聲」地說：「偉大領袖金正日鋪陳出這麼迷人的景象……就像是要他們赤誠擁戴（他的兒子兼繼位者）金正恩，並且辛勤耕種，為國家帶來大豐收。」

　　北韓各地官方媒體紛紛起而效尤，將其他天候現象跟敬愛的領袖的死扯在一起。朝鮮中央通訊社報導，比起往年同一時期，領袖金正日死前那幾天風勢更強、海浪更高（註2），氣溫也是當季最低。事實上，氣溫寫下幾十年來的新低紀錄。

　　在北韓傳說中，橫跨北韓與中國邊界的白頭山（註3）是朝鮮人民的發源地，也是金正日的出生地。莊嚴的天池就坐落在山頂一處火山口。十二月十七日那天早晨，天池表面的堅冰碎裂，發出「轟然巨響」（註4）。一群國家研究員聲稱，湖冰的碎裂聲確實空前響亮。大地隆隆震動，天空出現異彩。「百姓看見一道不尋常光芒將天空染上深湛又澄澈的色澤（註5），都激動地說道，就連大自然也懷念天子金正日，在空中揚起一面與他的生命息息相關的紅旗。」其他地方據說大雪從晴朗無雲的天空降下來，當地百姓爭相傳誦：「金正日是天子（註6），所以天空也為他的逝世落淚。」

　　幾千年來，人類不斷借天氣說事理、揣度神意。

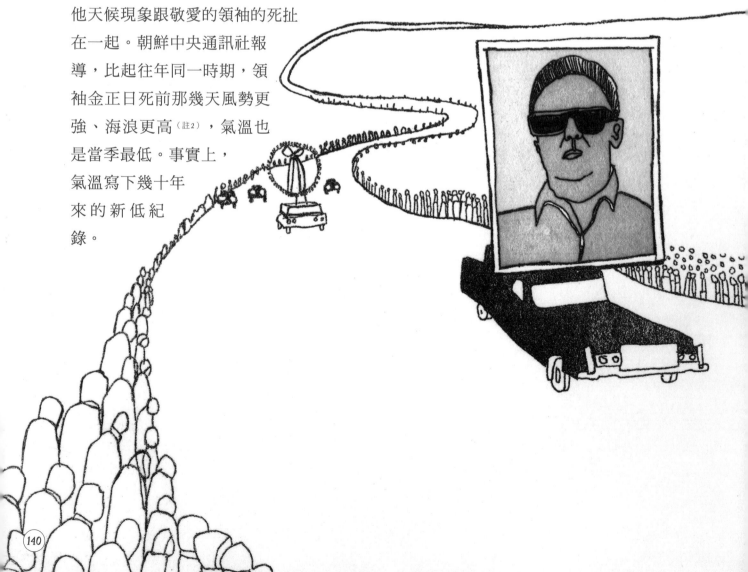

　　一五八八年，兵力與武器都處於弱勢的英國艦隊擊敗入侵的西班牙無敵艦隊，部分原因在於有利的潮汐與風勢。西班牙艦隊就連撤退時都慘遭暴風雨蹂躪。挫敗的西班牙國王腓力二世慨嘆道：「我派無敵艦隊去攻打的是人類，不是上帝的狂風巨浪。」在英國，勝利勳章刻有「上帝拂起（祂的風），他們潰散奔逃」的拉丁文。英國打了勝仗，意味著他們戰勝了天主教會，天氣充分證明英國擁有上帝的支持，而那些氣流因此得到「新教之風」的稱號。

* 譯註：西元一五八七年，英國女王伊莉莎白處死信奉天主教的蘇格蘭女王瑪麗，羅馬教皇於是號召各國對英國發動聖戰。西班牙擴增海上艦隊，命名為「無敵艦隊」，向英國出擊。

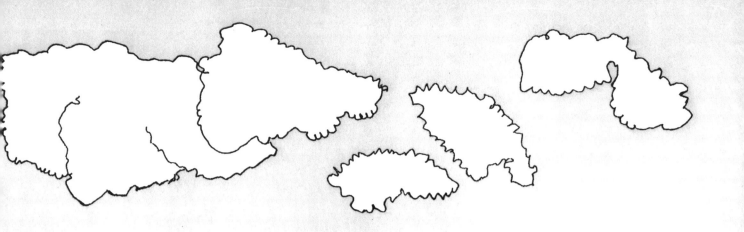

十三世紀的兩次颱風讓日本免受蒙古大

軍鐵蹄侵害，那些颱風後來被尊稱為「神

風」。有人說那是神道教掌管雷電與暴風的雷神大

顯神通，保護了日本。到了第二次世界大戰期

間，「神風」一詞被用來包裝自殺任務。

日本軍歌〈同期之櫻〉後來成為神風特攻

隊的訣別曲，歌詞將飛行員比擬為櫻

花，將他們的自殺攻擊浪漫化：

「櫻花知道

總有一天

會

隨風飄零

風中的花朵，

為國家凋落。」

美洲的印第安人祈求風調雨順的祭儀由來已久，那些生活在西南部不毛之地的部族，比如侯琵、納瓦霍、莫哈維等，都會以節奏性步伐與歌唱跳祈雨舞。《國家地理》雜誌於一八九四年發行的期刊中^(註1)列舉了五花八門的習俗：賓州的馬斯金格姆族人會雇用老翁老嫗來變戲法求雨；曼丹族有求雨人和止雨人，他們會手拿弓箭威脅老天爺。乾旱季節裡，喬克托族人會跟魚兒共浴來祈求天降甘霖，雨季時則用淺鍋烤細沙來祈求天氣放晴。莫基族想求雨的時候，會在玉米穗外裹上一層野蜜，咀嚼後吐在乾透的土地上。堪薩斯州的奧馬哈族會「揮動毯子」來召請風神，當他們希望暴風雪停歇，就會找個小男孩，全身塗上紅色顏料，在雪地上滾動。奧馬哈族還有個驅霧絕招：族人「在地上畫一隻面朝南方的海龜，海龜的頭、尾、背部中央和每條腿上擺放（紅色）碎腰布，上面放著菸草。」

在《聖經》裡，上帝以氣象事件向人類傳達意旨。《聖經》〈創世記〉記載，上帝為人類的邪惡感到哀傷，因而水漫地球。「我要使洪水氾濫大地，消滅所有的動物。地上的一切都要滅絕。」（〈創世記〉第六章第十七節）上帝消滅了所有生物，只放過諾亞方舟上的逃難者。之後祂結束降雨，並在天空掛上一道彩虹，承諾從此不再摧毀地球上的生靈。

上帝透過天氣表達憤怒：「突然，上主使燃燒著的硫磺從天上降落在所多瑪和蛾摩拉城。」（〈創世記〉第十九章第二十四節）；「上主要使每一個人都聽到他威嚴的聲音；他要用火焰、烏雲、冰雹，和豪雨使人知道他的震怒。」（〈以賽亞書〉第三十章第三十節）；「我要用瘟疫和流血懲罰他。我要用豪雨、冰雹、大火、硫磺降在他所率領的軍隊和

所指揮的聯軍身上。」（〈以西結書〉第三十八章第二十二節）。

祂提出威脅：「上主要以傳染病、毒瘡、熱病打擊你們，又以旱災和灼熱的風韌滅你們的穀物，直到你們全部滅亡。」（〈申命記〉第二十八章第二十二節）

祂也允諾滋育與守護：「他要打開天上豐富的倉庫，按時降雨滋潤你們的田園，使你們的事業蒙福，使你們富足有餘，你們可以借給別國，而不必向別國借貸。」（〈申命記〉第二十八章第十二節）

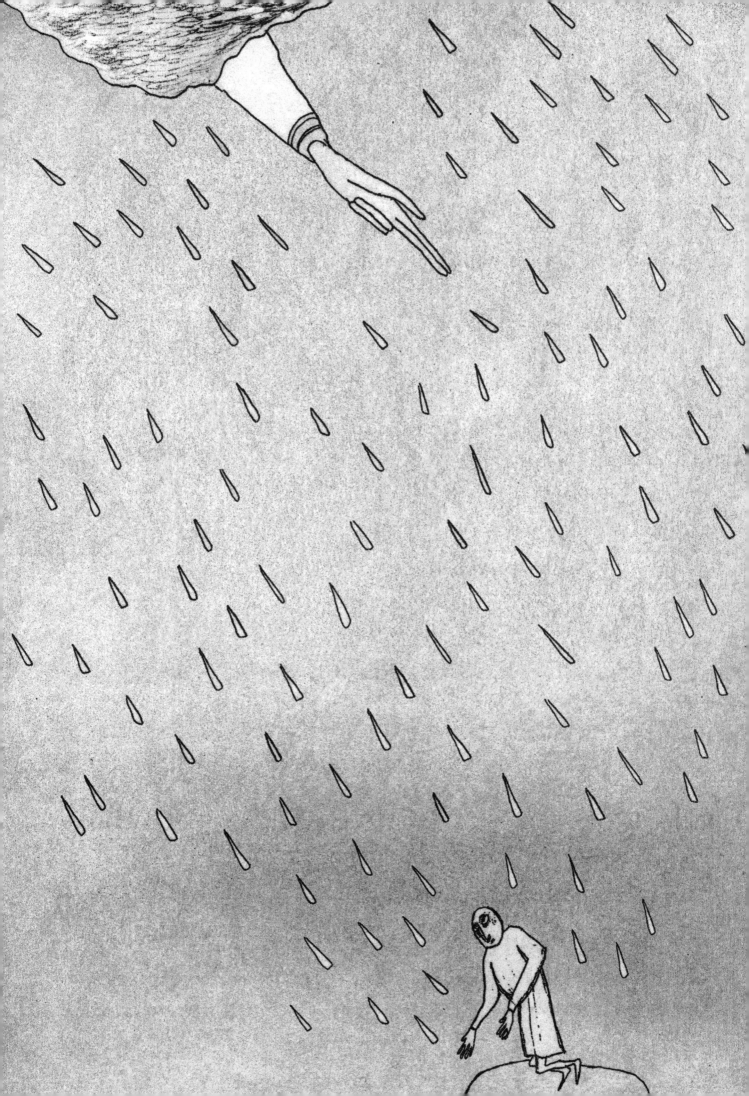

大約從西元一千三百年起的那幾個世紀裡，全球氣溫下降。天氣變化莫測，歐洲面臨酷寒潮溼的嚴冬，降雪、雹暴、乾旱、洪災及突發高溫炎熱現象頻繁發生。難以預測的氣候造成收成不佳、牲畜患病、食物短缺、飢荒與疾病。亞洲也備受旱澇飢荒之苦。（註8）這段期間通常被稱為「小冰河期」（註9）。

當代氣候學家提出多種導致小冰河期詭譎天候的可能因素。比如接二連三的火山爆發，火山灰布滿大氣層，致使部分溫暖陽光偏移，無法到達地球；太陽活動驟減或許不無影響。歷史學家布萊恩・費根（Brian Fagan）認為，北大西洋振盪的逆轉是「主要原因」（註10），因為原本穩定交流的冰島低壓與亞述群島高壓逆向循環，導致北方的冷空氣往南移動。

可是當年沒有人提出這些理論。人們填不飽肚皮，陷入絕望。有些學者認為，氣候異常與女巫迫害案件的增加密切相關。從十三世紀到十九世紀，共有上百萬名女性被控使用巫術，慘遭處死，她們大多是貧婦或寡婦（註11）。

費根：「追捕女巫狂潮的時間點，恰巧跟小冰河期最寒冷、最困頓的時期吻合。那段時間人們把苦難怪罪到女巫身上，要求徹底消滅她們。」

西元一四八四年，教宗英諾森八世（Innocent VIII）頒布詔書：「許多男男女女……將自己獻給魔鬼（註12）……他們透過魔法、咒語、巫術，以及其他可憎的迷信行為與邪術、悖德、犯罪與劣行，讓婦女的子嗣、牲口的幼崽、地面的作物、藤蔓上的葡萄及樹上的果實受到殘害，枯萎死亡。」

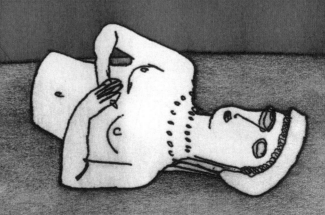

十五世紀德國宗教裁判官海因里希·克雷默（Heinrich Kramer）寫了一本有關女巫的書籍《女巫之槌》（*Malleus Maleficarum*），裡頭記載了一件女巫審判案。該書第十五章詳細說明薩爾茲堡附近兩名婦人的受審經過。「她們召喚並攪動雹暴與暴風雪，還令閃電擊斃男人與牲畜。一場猛烈雹暴摧毀長達一·五公里區域內的所有果實、莊稼與葡萄園」之後，那些葡萄藤整整三年結不出果實。居民要求調查，「很多人……認為（天氣）是巫術所致」。

經過兩星期的調查，兩名婦人被起訴，其一是姓氏不詳的浴場女工艾格妮絲，另一人則是安娜·封·明德海姆。「這兩名婦人遭到逮捕，分別拘禁在不同監獄。」艾格妮絲首先接受審判團的法官審訊，她否認犯行，「發揮沉默這種邪惡天賦」。不過，最後她還是俯首認罪了。艾格妮絲承認自己「跟夢魔交媾（……她行事極為隱密）」。作者克雷默轉述艾格妮絲的證詞：她在野外某棵樹下遇見一個魔鬼。魔鬼命她在地上挖個洞，灌滿水，用手指攪動一番。暴風雪瞬間形成，她差點趕不及回家躲避。

隔天，明德海姆在法庭上坦承犯下類似罪行。

到了第三天，兩名婦人都被活活燒死。

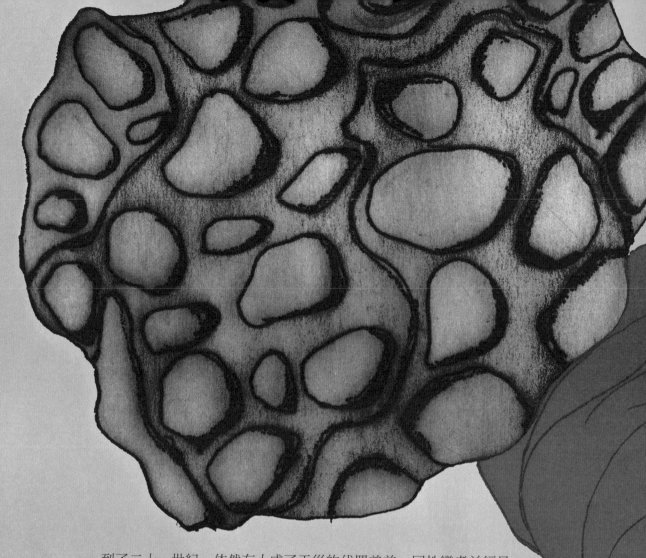

　　到了二十一世紀，依然有人成了天災的代罪羔羊。同性戀者曾經是怪罪對象。一九九八年，美國電視佈道家帕特・羅伯遜（Pat Robertson）警告佛羅里達州奧蘭多市別讓代表同志的彩虹旗幟「在上帝面前」飄揚。他說：「那會招來恐怖分子炸彈攻擊（註13），會引發地震、龍捲風，甚至彗星撞地球。」捍衛並頌揚信仰事工組織（Defend and Proclaim the Faith Ministries）創辦人約翰・麥克特南（John McTernan）牧師認為（註14），是同性戀行為招來了二〇一二年的桑迪颶風。持守妥拉的猶太教徒組織（Torah Jews for Decency）的諾森・萊特（Noson Leiter）拉比說（註15），桑迪颶風是「神的正義」，用以懲罰紐約州通過同性戀婚姻合法化。而曼哈頓下城區之所以淹水，是因為那裡是「全美同志大本營之一」。

　　巫術指控也並未止息。

　　加州大學柏克萊分校經濟學教授愛德華・米格爾（Edward Miguel）觀察到現今的坦尚尼亞存在一種行為模式。米格爾表示，每逢洪水或乾旱造成作物歉收的年分，人們吃不飽的同時，「女巫」命案也會成長一倍（註16）。

「如果你認為只有鄉野百姓或學識淺薄的人才相信
巫術，那你就錯了[17]。」南非約翰尼斯堡金山大學講
師艾斯黛兒‧特蘭戈夫（Estelle Trengrove）說。特蘭
戈夫鑽研與閃電相關的神話，她在越洋電話裡描述她與
工程學系三名祖魯族大四學生的談話：

「我們就座以後，其中一名學生說：[18]『首先我
必須向妳說明，這世上有兩種閃電：人為閃電和自然閃
電。』他告訴我，人為閃電是女巫的傑作。那種女巫常
會施展法術達成惡毒目的，召喚閃電殺人或毀壞財物。
我告訴他：『那是你那些住在鄉下的家人的想法。』結
果他說：『不，我只是在向妳說明。我之所以向妳說
明，是因為我看得出來妳沒弄懂。』他在學校學到的所
有科學知識，都只適用於『自然』閃電。在他心目中，
『人為』閃電屬於另一個截然不同的範疇，不受物理學
支配。」

天氣是指某個時刻裡大氣的狀態，比如溫度、降雨、溼度、風速風向、雲層、氣壓等；氣候是對某個地區一段時間內盛行天氣型態的概述。換句話說，氣候描述特定地區「常見」的天氣。「我們根據天氣穿衣（註19），配合氣候建造屋舍，」科學家艾德蒙·馬斯（Edmond Mathez）如此寫道。任何一個天氣事件都可以偏離正常平均值，未必代表氣候的變遷；可是氣候的變遷，顯然意味著天氣的改變。

科學家不否認我們正處於一個氣候變遷的年代。（註20）聯合國跨政府氣候變遷專門委員會（IPCC）宣稱：「氣候系統的暖化十分明確。」而溫室氣體是暖化的禍首。

人類的活動正在改變地球。科學家說，後果包括（註21）氣溫升高、極端氣候、野火頻傳、水災乾旱、海平面升高、物種滅絕。美國國家海洋暨大氣總署（NOAA）劇烈風暴實驗室（NSSL）的氣象學家哈洛德·布魯克斯（Harold Brooks）說：「地球溫度在上升，而且還會持續下去。這種論點幾乎引不起人們的興趣，因為太顯而易見。」

很多研究人員、政府與軍事策略專家視氣候變遷為潛在的「威脅擴大因子」。美國五角大廈在二〇一〇年的〈四年期國防總檢討報告〉（QDR）（註22）中指出：「氣候變遷可能在全球產生地理政治學上的重大衝擊，導致貧窮、環境劣化，進一步削弱岌岌可危的政府。氣候變遷會導致食物及飲水短缺，會使疾病散播開來，也可能刺激或加劇大規模遷徙活動。」二〇一四年的〈四年期國防總檢討報告〉重申這些疑慮，進一步指出，氣候變遷會激發「足以助長恐怖攻擊及其他暴力行為的條件」。

美國海軍分析中心（CNA）是國家出資籌設的非營利軍事研究組織，該中心的軍事顧問委員會二〇一四年出版了〈國家安全與氣候變遷風險加劇報告〉。內容指出，從全球的角度來看，氣候變遷已經成為全球「動盪與衝突」的催化劑。報告預測，

在美國境內，氣候變遷將會「讓左右我國國力的關鍵因素面臨危機，威脅國土安全」。報告還說：「我們思考該如何因應氣候的明顯變化這項議題時，千萬不要為想像力設限。」

某些科學家與研究人員構思著激進的解決方案：蓄意干預地球的系統，也就是一般所知的地球工程。地球工程的策略包括遮蔽太陽光、攪動海水，讓氣溫冷卻下來。假使人類活動無意中影響了氣候，我們難道不能、不該有意識地採取措施來抵消負面效果？

人類與科技能不能取代上帝與法術，重新找回對天氣的主控權？

納森·米佛德（Nathan Myhrvold）曾經在微軟擔任技術長十多年之久，一手設立微軟的研究部門。他在一九九九年離開微軟，創辦了高智發明公司（Intellectual Ventures）這個資金充裕的「創意工廠」。米佛德擁有普林斯頓大學數理經濟學與理論物理學雙博士學位。他曾經跟英國知名物理學家史蒂芬·霍金（Steven Hawking）一起研究「彎曲時空裡的量子場理論」，也曾在蒙大拿州與蒙古挖掘恐龍化石。他也是六冊皇皇巨著《現代主義烹調》（Modernist Cuisine）的作者之一，書中談的是分子廚藝。他更在一九九一年的世界烤肉冠軍賽中稱霸。高智發明公司提出一個對抗地球暖化的建議，也就是米佛德稱之為「同溫層之盾」（Stratoshield）的裝置。

米佛德：「以目前的路線與速度，到最後我們會把地球給煮熟。我們可以根據許多合理觀點來說明這種結果的可能性有多高，多久以後會發生。可是，追根究柢都只是時間問題。再者，由於到目前為止我們仍然沒有對地球暖化採取任何措施，或至少看不到任何成效，我不認為我們能夠躲得過這一劫。如果我們幸運躲過了，好得很；不過，我們還是做好萬全準備比較保險。」

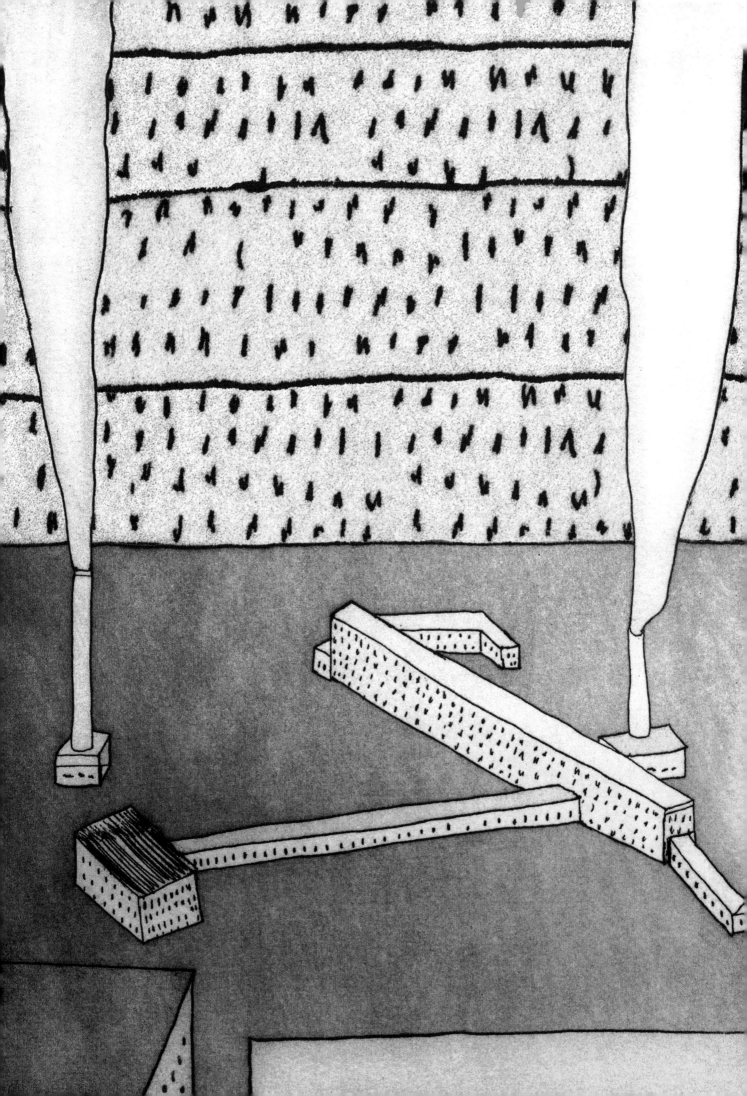

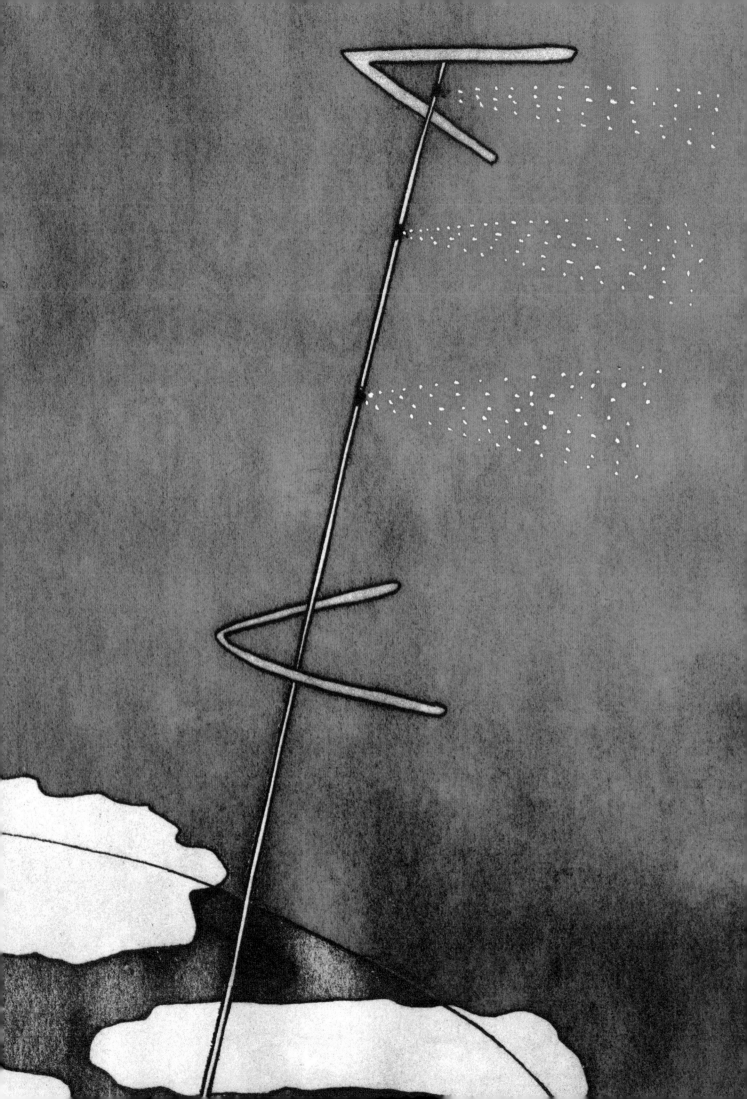

地球工程策略通常分為兩大類。(註23) 第一種是二氧化碳的排除：減少大氣中的二氧化碳含量，以便緩和它的吸熱效應。第二種則是設法控制太陽輻射，試圖阻止一定數量的陽光穿透大氣，或將更多陽光反射回太空，以降低地球溫度。

米佛德：「其中一種方法稱為『太陽輻射管理』（solar radiation management）(註24)，簡稱SRM。這些玩意兒有很多縮略字，可能是因為大家都愛用縮略字。它的意思是：我們把一部分陽光彈回太空吧。我認為我們的『同溫層之盾』是目前為止這個領域最便宜、最實際的解決方案。我們的目標是讓陽光強度減弱百分之一。

「這種概念最早出現在一九六○年代，當時有個叫米凱爾·布迪科（Mikhail Budyko）的俄國科學家是這領域的鼻祖。他發現硫酸鹽物質可以抑制陽光。硫酸鹽以天然形式存在，是火山噴發出的物質。我們都知道菲律賓的皮納圖博火山（Mt. Pinatubo）一九九一年爆發，之後那十八個月裡，地球溫度降低一度。所以，只要每年有一座皮納圖博火山爆發，我們就不會有事。問題在於，怎樣才能每年都有一座皮納圖博火山？人們想出的點子五花八門。有人說，我們弄一門大砲，朝天空射出彈殼會碎裂的砲彈。或者用火箭送上去。或是把火山灰裝在747客機裡。這些辦法可能有效，可惜成本太高。

「我們想到一個最簡單的辦法，那就是：拉一條水管到天上。聽起來很蠢，可是這麼做真的簡單又省成本。於是，我們設計得很詳盡：用很多氣球吊起一根水管，水管上有一堆小小的電子幫浦，水管的內徑大約介於二·五到五公分之間，差不多比一般澆花用的水管粗一些。

「它的材質跟普通水管一樣，不需要用什麼特別強韌的材料。接著再用一大堆氣球把水管固定在空中，上面有一長串小小的電子幫浦。我們用過很酷的V形氣球，不過圓形也可以。V形氣球的抗風表現比較好。水管每一百公尺就綁一顆小氣球支撐。我們把這樣的做法稱為「珠串設計」。

「然後，你還得準備要施放在空中的物質。最簡單的就是硫酸鹽，它是一種二氧化硫，純天然的東西。

「總之，你只需要兩條水管。如果你想知道需要使用多少單位，答案是南北半球各一套。那是很長的水管，可以飛上天空。只要一條就足以逆轉半個地球的暖化現象。

「我們想出的最佳方案是把水管放在北極或南極。我們會把它放在靠近極圈的地方。加拿大有幾個理想地點。

「你必須將那些東西噴灑在空中。水管末端有些噴嘴，可以把內容物噴出去，製造出霧氣般的東西。你可以用很多方法增加它的溼度，這樣一來就可以精準地調整，可以決定要把天氣——或氣候——保持在你想要的溫度。所以你可以說：『我們就讓它保持在今天的溫度。』這可能是最明智的做法。但你也可以說：『我們把溫度調整回工業時代前的氣候，把地球暖化趨勢整個扭轉過來。』」

很多人覺得地球工程的提議很嚇人。譬如，有些人擔心硫酸鹽分子彌漫大氣層，地球再也見不到藍天，因為硫酸鹽分子會遮蔽大氣層，讓天空色澤變黯淡。（米佛德指出，天空亮度的差異並非肉眼所能察覺。）《如何冷卻地球》（How to Cool the Planet）一書作者傑夫·古戴爾（Jeff Goodell）認為，直到前不久為止，地球工程的研究幾乎等同於科學界的色情癖好(註25)，你只能在腦子裡想想，或在私人實驗室裡默默探索，難登大雅之堂。

（左圖說明：高智發明公司的「同溫層之盾」）

米佛德：「我們的方案出爐以後，我收到各式各樣的惡毒信件，其中一封寫道：『你們比殺嬰者更糟糕。』」

米佛德轉述旁人對地球工程提案的反應。「我跟很多核心環保人士討論過這個話題。核心環保人士其實分成兩大類，其中一種我稱之為『約翰・繆爾型』。」

一八九二年，知名自然主義者暨行動主義者約翰・繆爾（John Muir）和一群志同道合者成立內華達山友會（Sierra Club），是公認的「國家公園之父」。

米佛德：「約翰・繆爾喜歡山林。我有些熱中環保運動的朋友也都喜歡山林，喜歡原野。他們說：『這太好了，終於有辦法可以保護我喜歡的東西免遭破壞。』對於地球工程，他們可能有所保留，這無所謂，畢竟他們不希望地球完蛋。」

156

　　紐約美國自然歷史博物館生物多樣性與保育中心的科學家理察‧皮爾森（Richard Pearson）說：「你成立了國家公園（註26），你用籬笆圍起某些動物和植物。可是氣候會適合你要保育的那些物種生存嗎？」

　　籬笆防堵不了氣候變遷。植物和動物、天空與海洋，都受到了影響。如今，人類是否要扮演上帝的角色，出手干預地球系統，已成為主流論戰，不再是旁枝末節。

米佛德：「這種時候總會有人跳出來說：『誰有資格做那種事？』我會告訴他們：『每一輛汽車的排氣管，都在把足以改變氣候的廢氣排進大氣裡。』」（註27）

美國記者艾瑪‧馬里斯（Emma Marris）：
「不管我們願不願意承認，我們都在破壞整個地球（註28）。」

美國氣候學家艾倫‧羅巴克（Alan Robock）：「我擔心地球工程會被拿來當成武器。（註29）我擔心某個跨國企業會開發出那種科技。萬一出現了『埃克森美孚地球工程公司』* 這樣的企業呢？他們考慮的會是誰的利益？我擔心某個國家希望地球的氣溫維持在某種狀態，另一個國家要的卻是另一種狀態，結果雙方只好訴諸武力。」

記者伊麗莎白‧寇伯特（Elizabeth Kolbert）：「在雲層上噴灑二氧化硫有很多後遺症，其中之一（註30）就是形成新的區域天氣模式。」

羅巴克：
「地球工程策略可能會遏止印度與中國的雨季，影響當地的糧食供應。」

* 譯註：埃克森美孚（Exxon-Mobile）為全球知名石油品牌公司。

米佛德：

「不難想見像中國那樣的國家（註31）會說：『你說得沒錯，我們製造了很多汙染，因為我們是開發中國家。你們這些傢伙十九世紀就汙染過地球，現在輪到我們了。話說回來，我們心胸寬大，所以我們也要做些地球工程來逆轉我們做的一切，也許會順道逆轉你們其他人做過的事。』

假設你是類似馬爾地夫那樣的國家，全國最高點距離海平面只有二、三公尺，對那些人來說，這就是很嚴肅的議題。當世界各國爭吵不休，卻什麼也不做，我覺得馬爾地夫應該有資格說：『好吧，去它的，我們來做。你們其他人在做口水戰的時候，我們要採取行動。因為不做的話，我們就會沉入海裡。』如果他們真的做了，誰要去阻止他們？有哪個國家會派出戰鬥機去攻擊他們？

現在你可以想像一個瘋狂的場景，想像某個南方的熱帶國家——比如巴西——說：『你們這些北方雜種，我們要把你們凍死，我們要送那個玩意兒到天上去，要把氣溫往回撥很多，製造一個該死的冰河期。』然後，你還可以想像加拿大說：『呃，我們覺得地球暖化挺好的。我們要噴出一大堆二氧化碳到天上去，因為，去你的，我們已經很厭煩老是要去夏威夷度假，何不把加拿大變得又暖和又舒服？』」

加爾加里大學能源暨環境系統團體主任大衛・基斯（David Keith）：
「這不是大自然的末日（註32），卻是荒野的末日，至少是我們所認知的荒野。也就是說，我們有意識地承認自己居住在被操縱的星球上。」

馬里斯：
「即便我們或許真的不想出手干預（註33），因為我們覺得這麼做很可鄙，可是也許有一天，我們會有得這麼做的道德義務。但我不會很熱中。」

米佛德：

「說真格的，我覺得只有在我們發現真的會出問題的時候，地球工程計畫才能付諸實行。如果沒有發生災難，就沒有理由去做那些鳥事。」

第九章
戰爭

　　一九六三年，南越佛教僧侶以行動抗議政府的高壓宗教政策，當時的總統吳廷琰信奉天主教。

　　那年五月，吳廷琰的安全部隊槍殺了九名抗議政府禁止懸掛佛教旗幟的僧侶。

　　到了六月，軍方對示威的佛教徒噴灑化學藥劑。

　　七月，美聯社攝影記者馬爾康‧布朗（Malcolm Browne）捕捉到南越僧侶釋廣德自焚的畫面，震

撼國際視聽。當時美國支持吳廷琰的反共政府對抗北越的共產政權，衝突事件導致兩國關係緊張。

　　八月，美國中央情報局一名探員看到美聯社報導僧侶對政府強硬措施的反應：「警方朝他們投擲催淚彈時，他們不為所動地站在原地（註1）。」不過，這位探員發現，一旦下起雨來，僧侶們就會四散躲避。

　　中央情報局於是靈光一閃：那就讓老天下雨。一陣雨就能阻止僧侶示威，政府不必採取暴力手

段，美國更不會陷入扶持攻擊自己百姓的政府的尷尬處境。

那位情報員說：「中情局因此向美國航空公司調來一架比奇型飛機（Beechcraft）（註2），機上配備了碘化銀。」撒入雲中的碘化銀是誘發降雨的主要原料。

當時「種雲」（cloud seeding）技術已問世十七年，最初是由一名高中輟學生、一名諾貝爾獎得主和美國知名作家科特・馮內果（Kurt Vonnegut）的哥哥在美國奇異公司（General Electric）合力研發而來。

文森・雪佛（Vincent Schaefer）（註3）一九二一年輟學，當時他才十五歲。同年他進了奇異，擔任鑽床操作員，後來轉到研發部。當時主導奇異研發部的歐文・朗繆爾（Irving Langmuir）成了他的精神導師。朗繆爾曾經革新燈泡製作技術，也增進人類對原子結構的了解，一九三二年獲頒諾貝爾化學獎。第二次世界大戰期間，他們倆合作為軍方效力，提升軍備，比如改善防毒面具，改良海軍聲納設備以提升潛艇偵察力等。他們也探索天氣現象，研究飛機機翼結冰的問題，還發明雲霧生成器來掩護軍方行動。

一九四六年夏天，雪佛在一般冷凍櫃裡鋪上黑色天鵝絨布，示範人工造雪技術。雪佛在當時一支奇異宣傳短片（註4）裡敘述造雪過程，片中他頂著一頭亂髮，打著黑領帶，白襯衫袖子捲到手肘。

他上身前傾，對冷凍櫃內部呼出一口氣：「我呼出的潮溼空氣會凝結，形成雲霧。」攝影鏡頭追蹤那團被燈光染成霓虹藍的盤旋霧氣，看上去很像夜店裡繚繞的菸氣。雪佛說，那團雲霧處於「過冷」狀態。也就是說，儘管溼氣裡的小水滴溫度低於冰點，它仍然保持液體狀態。

雪佛拿起一塊乾冰，彈了幾個薄片到那團雲霧裡。「畫面上出現了一些細長條紋，像拖在飛機後方的凝結尾。這裡面有幾百萬又幾百萬個成長異常迅速的極微小雪晶。」我們在螢幕上看到一個迷你暴風雪開始旋轉。「短短幾秒內，它們就能成長十億倍。」鏡頭拉近，雪花已經變成大風雪，反射出粉紅、紫色和黃色閃光。「冰晶在閃爍。之所以會產生這些顏色，是因為它們都是微小的稜鏡，能把光線解析為各種色光。」

雪佛創造出第一個可複製、人工生成的天氣事件時，奇異公司召開了記者會（註5）：「人造雪問世，跟『白色聖誕節』的真雪絲毫不差。」《紐約時報》寫道：「奇異公司今天宣布，人類控制降雪雲的技術向前邁進一步……科技或許能夠阻止城市降雪，也可以讓農場下雪。」如果溫度高一點，這種人造降雪就會變成降雨。

初期實驗發布後不久，另一位奇異公司的研究員伯納德・馮內果（Bernard Vonnegut）發現，碘化銀是比乾冰更有效的種雲物質。馮內果二十三歲的弟弟科特・馮內果也在隔年進入奇異公司的宣傳部任職。

朗繆爾看見這種科技在軍事上的應用。「『造雨』，或天氣的控制，可以是跟原子彈一樣威力強大的戰爭武器（註6）……從能量釋放的角度來衡量，在最理想的條件下，三十毫克碘化銀的影響力相當於一顆原子彈。」

美國於是在越南測試這項新技術。一九六三年，南越的僧侶持續抗爭，美國中情局採取行動。「我們在那個區域種雲（註7），」一名中情局探員告訴《紐約時報》，「果然下雨了。」《泰晤士報》則表示，那是「氣象武器的使用首度獲得證實」（註8）。

不久後，美國空軍開始在東南亞執行天氣控制措施，計畫目標從驅散佛教僧侶變為阻礙物資與武器從北越運到南越（註9）。某個政府官員事後表示：「我們把天氣型態調整為對我們有利的條件。（註10）」這項計畫列為軍事機密。（註11）

班·利文斯登（Ben Livingston）是越戰期間美軍的雲物理學家，一九六六年到六七年間，他在東南亞執行過數十次種雲任務。當年老照片裡的利文斯登人高馬大，長長的脖子，五官粗獷，笑的時候嘴角斜向一邊。有一張照片裡他沒穿上衣，手扶著小飛機敞開的機門。其他照片裡可以看見他叨著菸。在一些比較後期的照片裡，利文斯登戴起黑框眼鏡。目前他跟妻子貝蒂和已經長大成人的兒子吉姆定居在德州米德蘭市的農場裡，美國總統小布希兒時的家就在五條街外，現已改建成博物館。

利文斯登：「我是在德州西部長大的孩子，小時候都在棉花田裡割雜草。你一抬頭就能看見雲朵飛過來，內心盼著那塊陰影能移過來幫你擋擋烈日，又希望到了下午它能變成一場陣雨。我好像一直都很納悶，為什麼我們不能弄一片雲，想讓它下雨就下雨，反正有時候它也確實會下雨。我在十歲以前，腦袋瓜裡就已經想著那些事。」

利文斯登本名是威倫·利文斯登（Waylon Alton Livingston），班是他的小名，一九二八年八月十七日出生於德州費雪郡，母親名叫愛蒂·弗洛伊，父親叫厄尼斯特·利文斯登。高中畢業後，他志願加入海軍，在軍中修習氣象學和日語，最後成了飛行員。一九五八年在關島擔任氣象飛官，訓練飛行員「低空穿越颱風眼」。一九六○年代，利文斯登加入政府的「破風計畫」（Project Stormfury），試圖利用種雲技術操控颶風。一九六六年八月，他受命前往南越峴港。

利文斯登：「越南種雲行動的目標[註12]是讓雨季提早報到、延後結束。那就是我的任務。我飛過去種雲，讓雲下雨。」

根據一份國防部遞交給參議院外交事務委員會的圖表顯示，那項行動目的是：「在審慎選擇的區域有效增加降雨量[註13]，阻撓敵方使用道路，細部目標包括：一、讓路面鬆軟；二、在道路兩旁製造土石流；三、沖垮渡河設施；四、延長土壤的泥濘狀態。」碘化銀彈（填裝了種雲原料的鋁製彈匣）一排排安裝在飛機機翼上[註14]。飛行員啟動延遲擊發機制，釋出彈匣，投進雲朵裡。

利文斯登：「你找到一朵某種尺寸的雲，你要它變大，你可以直接飛到距離雲朵外圍二、三百公尺的地方，把你的種雲原料安置在那裡。在這種情況下，你得飛進雲裡幾秒鐘，然後再回到晴朗藍天裡。或者，如果目標是一朵體積十分龐大的雲，你就直接飛進去，留在裡面，直到任務完成，大約需要三十或四十分鐘。你靠雷達辨識方位，畢竟你身在雲霧裡。」

「過程相當簡單，以前我通常每天都會飛到北越上空某個地點察看一下。如果雲層發展不夠理想，就調頭回來。我是指，回到泰國或其他任何地方[註15]。」

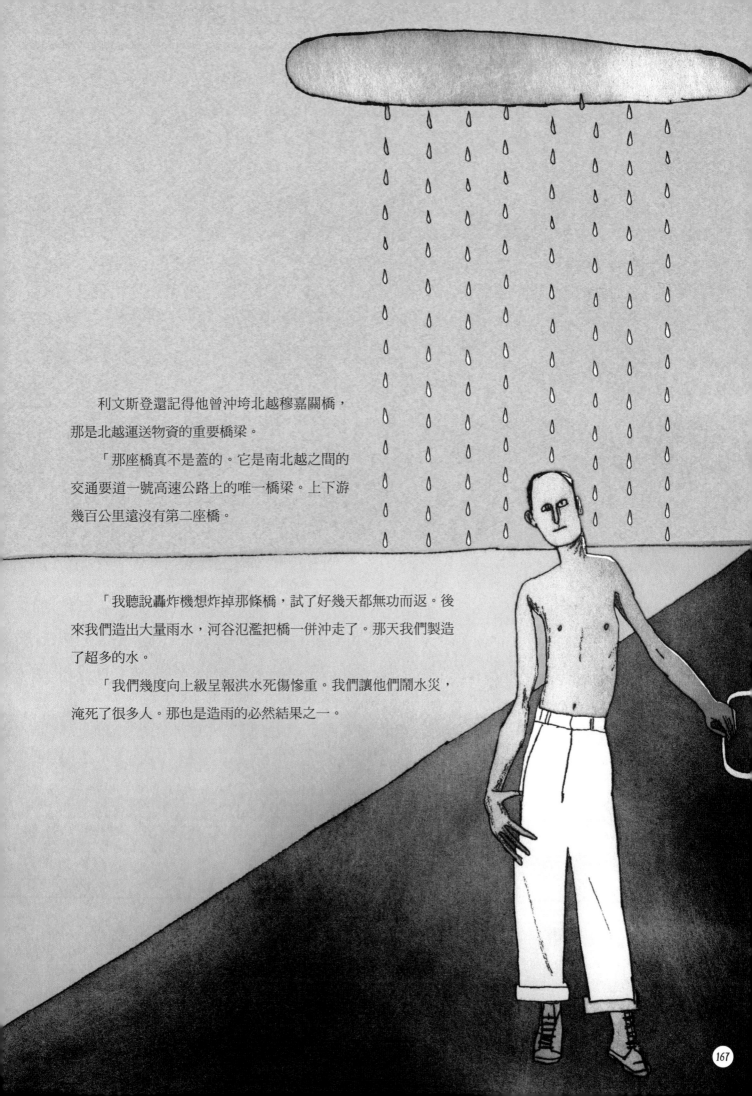

利文斯登還記得他曾沖垮北越穆嘉關橋，
那是北越運送物資的重要橋梁。

「那座橋真不是蓋的。它是南北越之間的
交通要道一號高速公路上的唯一橋梁。上下游
幾百公里遠沒有第二座橋。

「我聽說轟炸機想炸掉那條橋，試了好幾天都無功而返。後
來我們造出大量雨水，河谷氾濫把橋一併沖走了。那天我們製造
了超多的水。

「我們幾度向上級呈報洪水死傷慘重。我們讓他們鬧水災，
淹死了很多人。那也是造雨的必然結果之一。

167

一九六六年十月，利文斯登在白宮橢圓辦公室謁見當時的詹森總統。

利文斯登：「我奉命到華盛頓報告我們在越南的任務內容與執行成效。當然包括向總統做簡報。總統當然很好奇我們究竟用什麼鬼方法改變天氣之類的。天哪，他非常欣慰我們不需要出動地面部隊就能有所作為。」

一九七一年三月十八日，媒體記者傑克·安德森（Jack Anderson）在《華盛頓郵報》（Washington Post）發表一篇長達九個段落的文章，揭露這項「不可言說的計畫」，只是內容頗為簡略。「空軍造雨人神不知鬼不覺地(註16)在胡志明市蜿蜒小徑上空執行任務，」安德森寫道，「成功地創造不利於北越的天氣狀態。」美國〈國防部報告書〉證實天氣變更計畫確有其事，並稱之為「大力水手行動」（Operation Popeye）。這份報告書是在該年三月由美國智庫蘭德公司（RAND Corporation）軍事分析家丹尼爾·艾斯伯格（Daniel Ellsberg）洩露給《紐約時報》。一九七二年七月，《泰晤士報》記者西莫·赫許（Seymour Hersh）撰寫了一篇更深入的報導，激起各方論戰。一封讀者來函指出，「雲的法定地位」(註17)有欠明確，必須先釐清，才能決定哪個國家在法律上可以「擁有並控制它」。另一個讀者稱造雨為「大規模毀滅性武器」(註18)。

到一九七四年三月二十日，參議院外交事務委員會海洋與國際環境小組召開一次秘密聽證會，調查在越南的天氣控制行動。來自羅德島的民主黨參議員克萊彭·裴爾（Claiborne Pell）擔任主席。國防部副助理秘書丹尼斯·杜林（Dennis J. Doolin，主管東亞與太平洋業務）與參謀長聯席會議的艾德·索伊斯特（Ed Soyster）中校到場作證。聽證會會議紀錄兩個月後對外公布，索伊斯特與杜林在會中被問及計畫成效[19]：

索伊斯特：「這項計畫最困難的部分之一，就是量化行動結果。」

杜林：「根據我看到的資料，我個人認為它的效果微不足道。不過，在這方面連專家都很難達成共識。」

然而，杜林卻贊同這項計畫。

杜林：「如果某個對手想阻止我從甲地趕到乙地做某件事，那麼我寧可他拿來阻撓我的是雨水，而不是炸彈。坦白說，在那樣的情境下，我認為這個計畫其實相當符合人道精神，如果它能收到成效的話。」

並非所有人都同意。在詹森總統的行政體系裡，許多國務院官員持反對意見[20]，他們擔心改造天氣會導致「非比尋常的苦難」與無法預見的生態破壞。

美國在越南的造雨計畫曝光後，天氣的武器化便受到國際公約「改變環境技術禁用於軍事或其他非友善目的公約」（*Convention on the Prohibition of Military or Any Other Hostile Use of Environmental Modification Techniques*，又稱 **ENMOD**）約束。這份公約在一九七八年生效，侵略性的環境改造影響「範圍不得超過數百平方英里」，時間不得超過「數月」。所謂的影響係指「對人命、自然與經濟資源或其他資產造成嚴重或明顯擾亂或危害」。有些人批評ENMOD的內容，認為它默許規模較小、較短期的環境操控。此外，它並未杜絕戰略專家未來再度考慮以天氣做為武器的可能性。

網路上流傳著一份文件，是一九九六年由「空軍參謀長指示」製作的文件，標題為〈利用天氣讓軍力倍增：擬於二〇二五年掌控天氣〉。撰文者想像未來「天氣改造技術會在戰場上發揮前所未見的影響力」[註21]。

文件以一段未來的假想情節[註22]揭開序幕：

「想像二〇二五年美國要和南美某個資金雄厚、團結合作、政治勢力龐大的販毒集團交戰。販毒集團採購了數百架俄國與中國製戰鬥機，成功地阻擋我們攻擊他們生產設備的行動……氣象分析家透露，位於赤道附近的南美

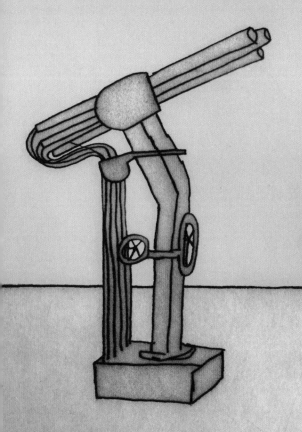

威爾海姆·賴希的破雲器

奧地利精神分析師兼佛洛伊德愛徒威爾海姆·賴希（*Wilhelm Reich*）的治療方法包括裸體按摩。他還發明了破雲器。破雲器是以金屬導管與其他管線製作的宇宙能量收集器，號稱可以控制降雨。

防雹砲

防雹砲據說可以產生大氣震波，有效化解冰雹危害。這種大砲在葡萄酒產地的使用由來已久，因為冰雹會損害葡萄的收成。它的效果眾說紛紜。

洲幾乎一年三百六十五天都有午後雷陣雨。我們的情報單位則證實販毒集團的飛行員不願意靠近或飛入雷雨帶。因此，我國隸屬司令部空中作戰指揮中心的氣象武力支援部隊（WFSE）奉命預測雷陣雨的行進路線，激發或強化某些敵方必須仰賴戰機防守的重要目標地區上空的雷雨胞。到了二〇二五年，我國的戰機已經擁有全天候作戰能力，雷雨對我國軍力的影響微乎其微，我們因此可以有效地、決定性地掌握制空權。」

文件又說，到了二〇二五年，美國擁有的氣象武器包括用來驅散霧氣的雷射、能夠反制雷擊的戰機，以及負責執行種雲任務的無人機。還有用來欺敵的虛擬天氣投影。「增加降雨」戰術也能引發洪水沖毀通訊線路，打擊敵軍士氣。

「儘管社會上某些人士始終拒絕探討天氣改造這個爭議性話題，如果我們忽略這個領域蘊含的強大軍事潛力，將會讓自己陷於險境。從利用小規模調整天氣型態來支援友邦行動或干擾敵方行動，到對全球通訊與反太空戰的全盤掌握，天氣改造讓戰士們擁有廣泛的戰略選擇來擊敗或脅迫敵軍。」

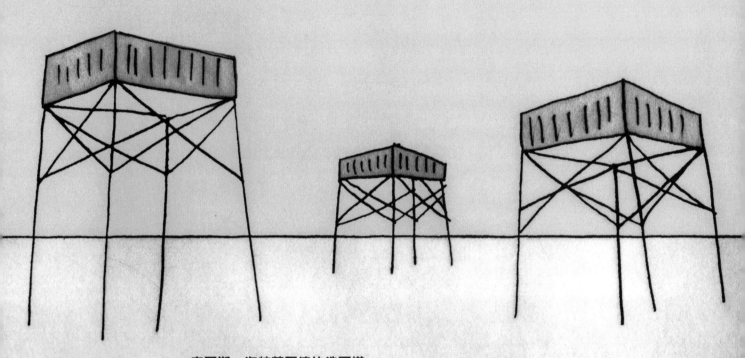

查爾斯・海特菲爾德的造雨塔

二十世紀初，縫紉機銷售員查爾斯・海特菲爾德（Charles Hatfield）建造多座填裝了秘密化學物質配方的蒸發塔，他宣稱這種塔有造雨功能，並且對外販售。他說：「我不像其他人……以炸彈或其他爆裂物對抗大自然。我用精妙的手法來博得它的青睞。」一九一五年，聖地牙哥市政府聘請他來填滿水庫。後來的降雨造成水災與數百萬美元損失，也衍生出第一樁天氣改造官司。海特菲爾德的故事正是一九五六年電影《造雨人》（*The Rainmaker*）的靈感來源。演員畢・蘭卡斯特在片中飾演海特菲爾德，他身穿緊身長褲，手段八面玲瓏，來到西南部飽受乾旱之苦的小鎮，宣稱只要支付一百美元，他就能帶來降雨，還順便勾引凱薩琳・赫本飾演的未婚女子。

利文斯登從越南返國後獲頒海軍榮譽勳章，獎狀提及他參與了「發展中的武器系統」，並讚揚他「堅忍不拔」、「不屈不撓」、「盡忠職守犧牲奉獻」，他的努力為該項計畫帶來「卓越成果，是國家發展某種獨特而重要戰鬥力不可或缺的一環」。空軍也授予他一枚空軍勳章，表彰他「傑出的飛行技能與勇氣……在地對空火力持續威脅的極度危險情況下，達成重要任務」。

一九六九年，利文斯登從海軍退伍，開始構思非戰時的天氣改造應用。他搬到科羅拉多州的阿拉莫薩（Alamosa），在那裡創設了特別加壓牛隻治療中心，治療高海拔地區牛隻缺氧問題。同年，他設立了商業種雲公司，名為聖路易斯谷天氣工程公司（San Luis Valley Weather Engineering, Inc.）。

利文斯登：「那時候我幫酷爾斯啤酒廠（Coors Brewery）出任務。我們的目標是在大麥生長季節盡量造雨，生長季節結束就防止下雨。這麼一來，那些用來釀造啤酒的成熟大麥就會散發亮麗的琥珀色光澤。換句話說，我們的任務就是在七月四日以前讓老天下雨，七月五日到收割期間則是消滅天上所有雲朵。」

如今全世界大約有四十個國家執行天氣改造計畫。泰國有個皇家造雨與農用航空局。（註23）希臘的國家冰雹抑制計畫近年來致力降低農業損失。北京氣象局二〇〇八年宣布（註24），中國將會使用種雲技術，確保奧運開幕當天不會下雨。《雅加達環球報》（Jakarta Globe）二〇一三年報導，印尼科技部所屬的技術應用評估署（註25）打算利用種雲技術對治首都雅加達的水災問題。有關這些計畫的成效與道德議題，科學家依舊各執己見（註26）。

有別於為對抗全球性氣候變遷而設計的地球工程，天氣改造計畫希望得到的是規模較小的在地化成果。以美國而言，各州分別挹注資金進行天氣改造，也有許多私人公司提供製造天氣的服務，但聯邦政府已經不再補助這類政策。

利文斯登認為，我們錯失了預防災難性暴風雨的重要機會。

利文斯登：「二〇〇四年，我放自己一年假，到處拜訪過去在軍中結識、特別有影響力的同袍，試圖說服他們一起在墨西哥灣沿岸執行種雲或其他天氣控制行動，以預防紐奧良等地區受到颶風危害。我四處奔走，做我認為該做的事。我也去了生產種雲原料的地方，那是在北達科他州法哥市（Fargo）附近小鎮的冰晶工程公司（Ice Crystal Engineering）。我把飛機、人員和技術等有的沒的都安排妥當，準備就緒。然後我去了華盛頓，我寄信給華盛頓地區所有的參議員，告訴他們我的計畫。天哪，他們避之唯恐不及，說了一大堆你不該對大自然搗亂的理由。他們的主要理由是，你沒辦法確定計畫會產生什麼效果。其實不是這樣。」

二○○四年，利文斯登自費出版了自己的作品《萊夫利博士的最後通諜》（*Dr. Lively's Ultimatum*），這本小說探討的主題是天氣控制，主角就是作者本人。（「我就是書裡的萊夫利博士，」利文斯登說。）書中的故事自吹自擂、平凡無奇。萊夫利博士是個有話直說的前海軍雲物理學家，越戰期間主導造雨計畫。他嘴裡有顆贅生牙，身邊有個性感女秘書。故事情節揭露萊夫利博士的秘密任務：有一顆名為「豆腐」的龐大小行星與它製造的毒碎片雲即將毀滅地球，萊夫利博士決定操控天氣拯救世界，是人類與大自然之間一場氣勢壯闊的對決。

萊夫利博士：「我們的任務是在那些致命毒雲向西橫越大西洋朝南美而去的時候，拔除它的毒牙、馴服它、削弱它，最終摧毀它[註27]……我們打算在那些偽雲頂端投擲碘化銀，讓它們變成傾盆大雨。」

時間緊迫，毒雲飛速移動。有個對手科學家對萊夫利博士的計畫沒信心，自行突破安全防護系統，打算用核子彈消滅毒雲。萊夫利和他的組員登上搭載特殊配備的里爾噴射機展開行動。在高潮戲裡，他們對準毒雲裡迅速閉合的缺口投下數桶八百磅重的硼硝酸鉀。

「在瞬間強光中（註28），空中七彩光芒閃爍，融成像太陽般的刺眼火球。強光閃現的那一刻，里爾噴射機駕駛艙裡的人看上去彷彿巨大閃光燈泡裡的燈絲。三名機組員隔著安全頭盔的深綠色護目鏡，看見那團棕色雲朵變得比太陽更亮，而後轉為鮮明的藍綠色。毒雲從上到下每一寸想必都引爆了，產生體積龐大的氣體，而焚燒後的殘渣被吸往雲團中心……氣體與殘骸一股腦兒朝迅速聚攏的雲團擠過去，製造出雷霆般的轟隆聲響，緊接著，那團作亂的雲與海洋的暖空氣撞擊在一起，向上噴發，發出尖銳的劈啪聲。」

任務成功。

「當連續的亮光與強風結束，

天空一片蔚藍，又回到陽光燦爛的早晨，
就跟危機事件的發生一樣突然。」

利文斯登：「我小時候在農場長大，
　　　　　經常會跟其他孩子一起去偷摘西瓜。

　　　　「我們都是天黑以後才去，
　　　　　　從別人的田裡抱出大西瓜。

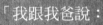

　　「我跟我爸說：
　『我覺得這種事實在有夠蠢。
　我們為什麼不做點改變，
　　讓想吃西瓜的人
　　都可以摘到西瓜？』
　　他覺得這個主意不錯，
　　　於是我們就在馬路邊種了
　　　　　　幾排西瓜，

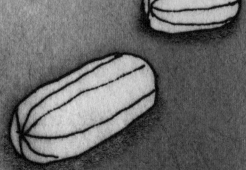

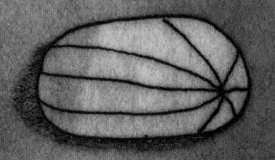

　　　　　　　任何人想要
　　　　　　　　隨時都可以拿走。

「栽種任何植物都有一個最關鍵的下雨期，那個
時間點的雨水帶來的好處比其他時候多。如果你種了
很多西瓜，而雨沒有下在對的時候，西瓜就長不大，
甜度卻會比較高。所以，即使降雨的時間不符合你的
期望，也未必是壞事。至少對西瓜而言是如此。」

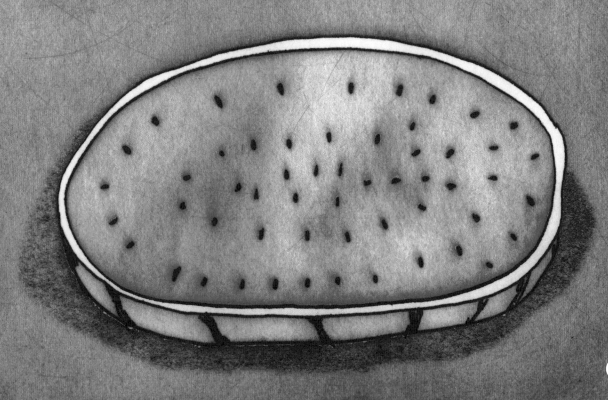

第十章
利益

「我」走進森林，因為我想要謹慎而從容地生活。我只想面對生命的基本事項，看看自己能否從中學到人生的課題，以免大限來到時，才發現自己從沒真正活過。」美國哲學家亨利·大衛·梭羅（Henry David Thoreau）如此寫道，「我要深刻地活著，要吸取生命的所有真髓。我要堅毅踏實地活著，過著斯巴達式的刻苦生活，以便擊潰所有非關生命的渣滓，屏除一切累贅，只取箇中精華。也就是把生活逼到死角，把生活條件降到最低。如果事實證明這樣的生活鄙陋不足取，那麼我就徹底而真實地體驗那份鄙陋，再將它訴諸文字公諸於世；或者如果它是莊嚴崇高的，那麼我就身歷其境去認識它。」

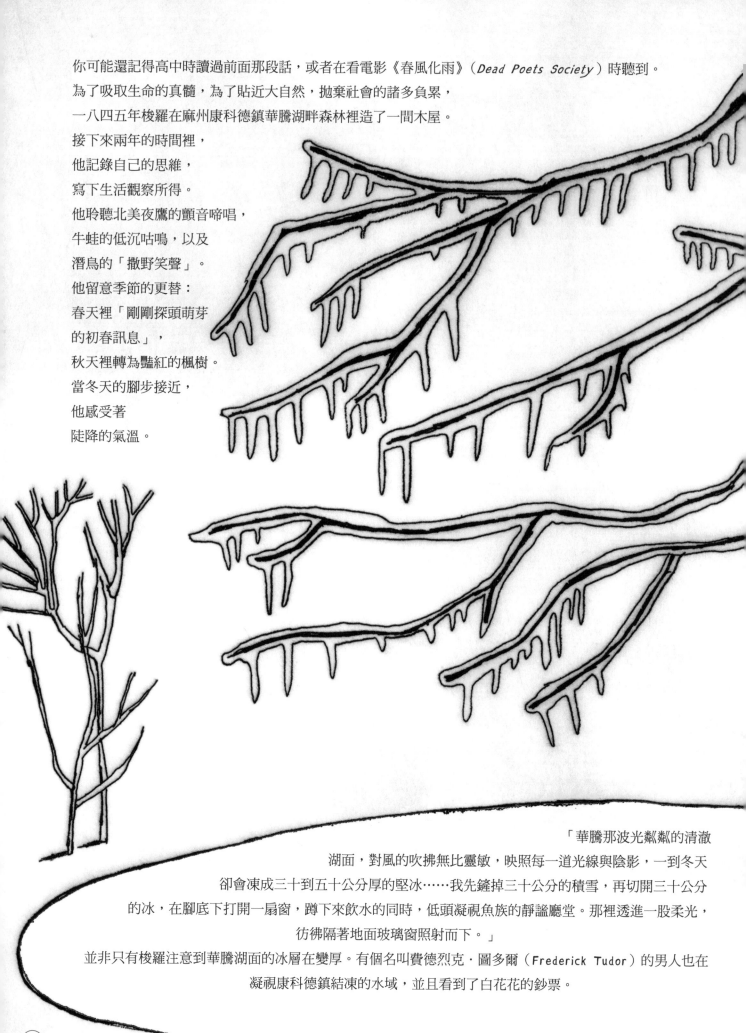

你可能還記得高中時讀過前面那段話，或者在看電影《春風化雨》（*Dead Poets Society*）時聽到。
為了吸取生命的真髓，為了貼近大自然，拋棄社會的諸多負累，
一八四五年梭羅在麻州康科德鎮華騰湖畔森林裡造了一間木屋。
接下來兩年的時間裡，
他記錄自己的思維，
寫下生活觀察所得。
他聆聽北美夜鷹的顫音啼唱，
牛蛙的低沉咕鳴，以及
潛鳥的「撒野笑聲」。
他留意季節的更替：
春天裡「剛剛探頭萌芽
的初春訊息」，
秋天裡轉為豔紅的楓樹。
當冬天的腳步接近，
他感受著
陡降的氣溫。

「華騰那波光粼粼的清澈
湖面，對風的吹拂無比靈敏，映照每一道光線與陰影，一到冬天
卻會凍成三十到五十公分厚的堅冰……我先鏟掉三十公分的積雪，再切開三十公分
的冰，在腳底下打開一扇窗，蹲下來飲水的同時，低頭凝視魚族的靜謐廳堂。那裡透進一股柔光，
彷彿隔著地面玻璃窗照射而下。」
並非只有梭羅注意到華騰湖面的冰層在變厚。有個名叫費德烈克‧圖多爾（Frederick Tudor）的男人也在
凝視康科德鎮結凍的水域，並且看到了白花花的鈔票。

　　圖多爾上有兩名兄長，父親是出身名門的法官，曾經在約翰・亞當斯（John Adams）總統手底下任職，也曾跟隨喬治・華盛頓上戰場。圖多爾沒有追隨父兄腳步進哈佛大學就讀，反而在十三歲輟學。一八〇五年，他二十一歲，腦子裡已經有了生意藍圖。他要採收新英格蘭結凍水域的冰，運送到數千公里外的熱帶地區，在那裡一塊一塊銷售，既可食用，也能供醫療使用。他深信這個行業「必定」會帶來豐厚利潤。

　　他的雄心壯志遭到眾人訕笑。機械冷卻系統的普遍應用要再等個一百多年。他父親覺得他的點子「瘋狂、墮落」。圖多爾的第一船冰離港的時候，《波士頓日報》（Boston Gazette）刊登了一篇報導，拒絕做出評論：「千真萬確，一艘載運八十噸冰塊的船出發前往加勒比海的馬提尼克

圖多爾也確實出師不利：滔天惡浪、在地官僚貪腐、合夥人三心二意、貨物融化。他慘賠幾千美金，還二度負債入獄。可是他鍥而不捨。最後，切割與採收冰塊的技術進步了、儲存與保冷方法改善了，再加上開發了可靠買主，他的生意前景出現曙光，而且有利可圖。競爭對手紛紛搶進市場。到了一八四〇年，你可以在加爾各答、孟買、馬德拉斯、馬尼拉、馬提尼克、新加坡、巴西、古巴、中國、秘魯、紐奧良、薩凡納和查爾斯頓等地買到新英格蘭的冰塊。

梭羅站在華騰湖眺望對岸時，看見了一幅寧靜安詳、充滿詩意的四季風光。「天降雨露」純化而得的湖水，讓「觀望者丈量自己本質的深度」。但他也看到了粗壯的工人，正在切割湖冰。

梭羅：

「一百名愛爾蘭

人和他們的美籍工頭每天從劍橋市來這裡採冰……

他們告訴我，工作順利的時候，一天可以採一千噸冰，差

不多是一英畝湖面的產量……有時候大冰塊會滑下採冰人的雪

橇，溜到村莊馬路上，像塊大翡翠似地在原地躺上一星期。」

　　一八四四年，英裔美籍歷史學家詹姆斯‧巴頓（James Parton）描述運

冰過程：

　　　「冰塊運往東印度群島的過程中，要在海上漂流四到五個月，橫渡二萬五千公里的鹹

　　水，二度跨越赤道。抵達目的地後，就儲藏在有兩層牆壁、有四、五層屋頂的屋子裡。此外，冰塊

　　搬下船的時候，往往面對的是攝氏三十二度到三十七、八度的高溫。儘管困難重重，遙遠熱帶港口的居民

　　仍然每天享有冰塊供應，全年無休……運冰船都在一月寒冬時裝貨，那個時節就連裝在容器裡的水都會結

　　冰，整艘船灌滿刺骨冷空氣。那些六十公分厚的晶瑩冰塊都在零下的低溫中從湖邊以火車運送過來，送上

　　船的速度之快，令人嘆為觀止。冰塊裹在木屑裡，木屑的使用方法很類似石牆裡的灰泥。在最上層冰塊與

　　甲板之間通常有一層綑得緊實的乾草，或者一桶桶的蘋果……運冰船抵達加爾各答港的場面很教人振奮。

　　當地百姓花了很長一段時間才敢靠近這些晶亮冰塊。據說他們一開始都嚇得拔腿就跑，以為冰是被人施了

　　魔咒的危險物品。不過如今他們排著長長的隊伍等候上船，各自頂著一大塊冰，送到距離最近的冰屋，動

　　作迅速敏捷，冰塊曝露在空氣中的時間只有短短幾秒……在波士頓一噸只值四塊美金的

　　冰塊，來到這裡可以賣五十塊錢。」

　　梭羅：「如此一來，查爾斯頓、

紐奧良、馬德拉斯、孟買

和加爾各答那

些揮汗

如雨的

居民也

喝著我

井裡的

水……

純淨的

華騰湖水跟

神聖的恆河水

交相融合。」

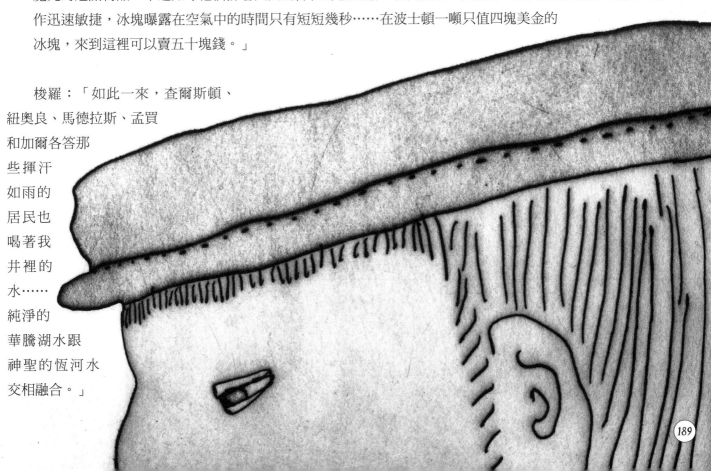

美國商人把冰塊生意工業化；然而，冰與雪的儲存與販賣其實已有數百年歷史了。在四千年前的美索不達米亞，人們把冬天的冰貯藏到夏天，像保護銀行金庫似地派員看守。冰是美索不達米亞富人夢寐以求的美食，因為他們喜歡喝冰涼飲料。天氣熱的時候，古代雅典人可以買到摻了蜂蜜與水果的雪。羅馬人用騾子從埃特納山（Mount Aetna）運下來的雪冰鎮他們的葡萄酒，那些雪都塞在山上的洞穴裡。法國歷史學家費爾南‧布勞岱（Fernand Braudel）說，十五世紀的朝聖者在敘利亞夏日豔陽下看見「滿滿一袋雪」，嘖嘖稱奇。據說一九〇〇年七月英國女王維多利亞為教子施行洗禮時，在每位賓客椅子底下擺放一桶從溫莎堡冰屋運來的冰，或許她自己帳篷似的黑裙裡也藏了一桶。

天氣以冰與雪的狀態被具體化，變成可供買賣的商品，就像小麥、鹽巴或咖啡一樣。

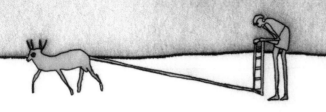

一九九七年，美國安隆天然氣電力公司（Enron Corporation）做了第一筆天氣衍生金融商品交易。這是一種避險措施，用以平衡不利天候對公用事業公司造成的損失。

假設性的天氣成了一種商品，到了今天，天氣衍生金融商品的市場已達到一百二十億美元的規模。在投機取向的環境裡，未來天氣的不確定性創造了價值，提供風險與報償。

二〇一一年，美國氣象學會發表一篇論文統計發現，二〇〇八年天氣對美國經濟造成的衝擊總計達四千八百五十億美元，占年度國內生產毛額的百分之三·四，其他預測數據認為天氣對經濟的影響力實際上高得多，接近國內生產毛額的三分之一。

布萊德·戴維斯（Brad Davis）是氣候風險管理公司MSI Guaranteed Weather總裁，這家公司總部設在堪薩斯州歐弗蘭帕克市。該公司銷售天氣保險與天氣衍生金融商品。

戴維斯：「就財務而言，有人喜歡壞天氣。比如鏟雪的人喜歡暴風雪，賣傘的人喜歡雨天。

「電力公司希望夏天熱一點。假設你希望七月平均氣溫有攝氏三十七度，那麼你就可以購買選擇權，如果那年七月的平均氣溫只有二十九度，你就能賺得一筆利潤。

「再如建設公司，他們通常不太在乎氣溫，因為熱天裡工人照樣工作，他們擔心的應該是下雨。如果夏季大雨不斷，工程就會延宕。所以建築業的人會買些契約，萬一那些月分下太多雨，公司可以得到一些賠償。

「天氣的衝擊與天氣衍生性商品範圍包山包海。你買的是一份權利，當某種天氣事件出現或沒有出現，你就可以獲得或必須支付一筆款項。技術上來說，我們不能保證天氣會怎樣，但我們可以建立一份契約，萬一天氣的走勢不符合你的預期，至少你不必為財務損失傷神。」

天氣相關保險向來是用來降低水災、龍捲風或颶風造成的災損。而天氣衍生商品則是用來減輕其他殺傷力較低的天氣狀態的衝擊，避免一般性天氣異常衝擊到企業堪受的底線。這類商品也可以變成投機工具：相較於保險商品提供損害賠償，天氣衍生商品買家可能希望拿回比一般理賠更高的額度，也就是利用天氣獲利，無論天氣是好是壞。

社會評論家也注意到，人類利用天氣的手法不只如此。反全球化代言人、知名作家娜歐蜜·克萊恩（Naomi Klien）創造出「災難經濟」（disaster capitalism）一詞，藉此形容天災地變後，意圖牟取暴利的企業家撲向災區尋求發展機會的現象，比如卡崔娜颶風過後的紐奧良。

天氣情報服務公司（Planalytics Inc.）園區設在賓夕法尼亞州柏文市，就坐落在通往弗吉谷國家歷史公園的路上。一七七七年到七八年間，喬治·華盛頓將軍所領導的大陸軍*在該區捱過酷寒的冬天。

停車場周遭的地面有垂柳、白樺與火焰木遮蔭。三道噴泉在翠綠池塘裡汩汩有聲。

天氣情報服務公司提供客戶「商用天氣情報」，亦即「公司需要了解的可操作資訊，以便善用天氣對生意的影響」。

天氣情報服務公司交叉比對銷售數據與氣象紀錄，找尋一些出人意表或不那麼明顯的蛛絲馬跡。一旦嗅出氣溫或降雨或其他氣候現象與消費行為之間的相關性，就可能轉化成商業策略。

該公司的客戶包括可口可樂、百事可樂、陶氏化學、拜耳國際集團、彭博資訊、卡特彼勒工業機械、康尼格拉食品、Dunkin' Donuts甜甜圈、Equitable天然氣、Hanes時裝、亨氏食品、嬌生、約翰迪爾農業機具、美商利惠、瑋倫鞋業、PetSmart寵物用品專賣店、來德愛連鎖藥局、星巴克、聯合農民合作社等。弗雷德里克·福克斯（Frederick Fox）是公司創辦人之一，也是總裁。

福克斯：「我們有個超市客戶在佛羅里達州經營很多連鎖店。氣象預報颶風來襲的時候，你猜什麼商品賣得最好？**銷售第一名的商品。**不是礦泉水，不是蠟燭、火柴或電池，也不是罐頭食品。」

福克斯：「是炸雞。炸雞賣得最好，礦泉水當然很搶手，但是炸雞？真的嗎？他們的銷售數據就是這麼說的。所以，如果暴風來襲，他們希望提早幾天知道，方便搶先

* 譯註：大陸軍是美國獨立戰爭爆發後所成立的軍隊。

向喬治亞州或卡羅萊納州的養雞場下訂單，到時炸雞才不會缺貨。

「暴風雨的**預報**能助長超市業績。誰也不希望真的來個大風雪，少做幾天生意。所以**虛晃一招**才是完美暴風雪。逼近東岸的颶風也是一樣：銷售量一飛沖天，如果颶風調頭出海，大家都開心，沒有人傷亡，商店生意也沒受影響。

「再看看男靴和女靴。九月、十月第一道冷鋒報到時，女靴就會賣翻天。那段時間美國很多地方天氣還很不錯，男靴方面倒是沒有多大變化。男靴銷售量成長還要再等一段時間，差不多十月底或十一月，因為那時候天氣又溼又冷，男士們的襪子會弄溼。

「然後看看人口的分布，以坦帕市到邁阿密之間的地區為例：如果那裡天氣很好，陽光普照、溫暖舒適，那麼坦帕市的業績會往上衝，邁阿密卻下滑。如果下雨，邁阿密生意強強滾，坦帕市卻冷冷清清。這是怎麼回事？不可能，這兩個地方相距才幾小時路程，屬於同一個氣候型態，基本上連氣溫都一樣，怎麼會有這麼大的差別？因為邁阿密的人口偏向年輕化，天氣好的時候他們都到戶外去了，天氣不好他們才會上街購物。而在年齡層比較高的地方，比如坦帕市，那裡的人下雨天不會出門買東西。反觀西雅圖，人們會在下雨天購物，因為那裡不下雨的日子少得可憐，一旦天氣放晴，機會難得，大家都會出門找樂子，而不是去採買。

「再看看去年（二〇一〇年）的紐約，大多數零售商的春季折扣選在什麼時候？是四月。今年又是什麼時候開始？二月下旬。相差將近五到六星期。差別很大，以銷售季節來說，這種改變簡直可說是大地震。今年東岸春天來得早，二月分天氣就變暖了，所以銷售季節大幅提前，預期銷售成績也會很亮眼，這種影響會比任何一次颶風大上一百倍。經濟學家和人們異口同聲地說：『哇，經濟復甦了。』可是我們發現那一季接下來的天氣不太樂觀，先前一陣熱絡之後，現在市場又冷下來了。你又聽見人們說：『經濟本來提振了些，現在又低迷了。』我們處之泰然，說道：『嗯，這些也都是天氣惹的禍。影響店面營業額的是每星期之間的微妙溫差。』

「以色列人為什麼會到埃及去？不是因為他們喜歡棕櫚樹，是因為乾旱。雅各和他的孩子們都在挨餓，只好遷居埃及。約瑟能夠預知乾旱，就連法老都聽他的話，把整個國家的農作收成交給他管理。他們造了穀倉，國力也因此強盛起來。

「俗話說有備無患，我們想做的是，以客戶能理解的方式提前給他們示警，那就是銷售量、金額、利潤、庫存等商業指標，也就是我們追蹤的標的。

「預知是約瑟擁有的強大能力，如今它的力量還是非常強大，也是資訊時代的精髓所在。我們只是從天氣這麼無所不在的事物中擷取出它的一部分，把它變成可用的東西。」

193

華騰湖畔，梭羅住在先驗論者拉爾夫・愛默生（Ralph Waldo Emerson）的土地上。一八四七年三月，愛默生寫了一封信給梭羅，談到《紐約時報》報導的冰塊事業對他的土地價值的影響：

「過去幾星期以來，圖多爾先生帶著一大群愛爾蘭人入侵，帶走上萬噸湖冰，我預期我在華騰湖旁那塊林地很快就會增值。如果這種情況持續下去，那塊林地最吸引我的特質就會毀在他手上，所以我會很樂意脫手。」

多變的天氣和科技的進步，解救了愛默生的林地。機械冷卻設備在一八六○年代悄悄取得優勢。到了一八九○年代，蒸餾、淨化與冷凍等技術都有了大幅進步，足以威脅自然冰產業。冰塊製造業者展開宣傳活動，聲稱自然冰含有「腸道細菌」，可能導致傷寒等疾病。冬季氣候的變化，也讓自然冰的貨源不夠穩定。到了一九○六年，《紐約時報》說：

「除非未來六週內天氣變冷，

而且持續低溫，

否則今年夏天紐約會鬧冰塊荒。」

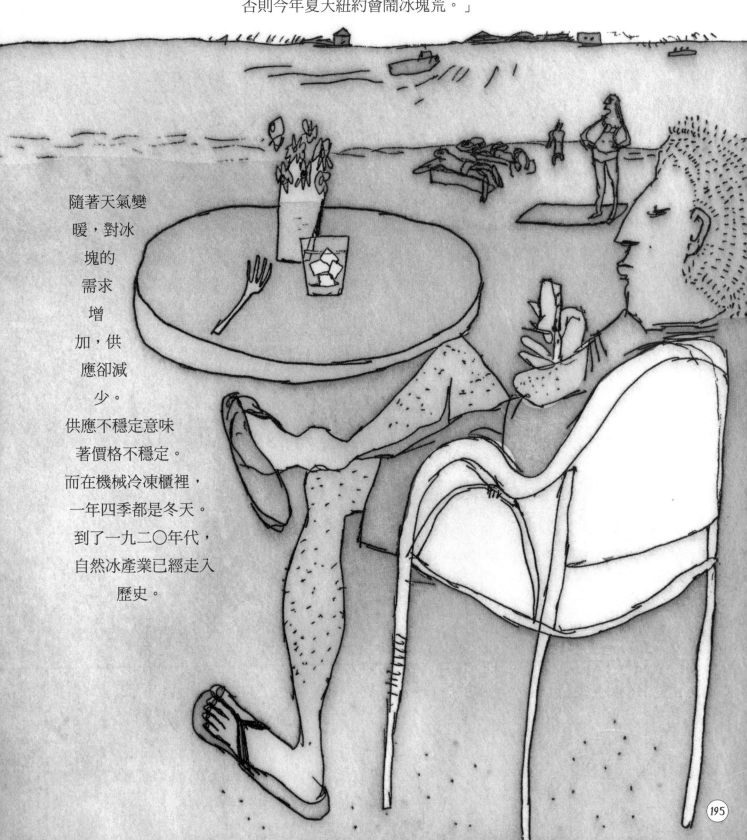

隨著天氣變暖，對冰塊的需求增加，供應卻減少。供應不穩定意味著價格不穩定。而在機械冷凍櫃裡，一年四季都是冬天。到了一九二○年代，自然冰產業已經走入歷史。

第十一章
玩樂

「其實沒有所謂的壞天氣，只有不同類型的好天氣。」

——英國維多利亞時代知名藝術評論家，
約翰・拉斯金（*John Ruskin, 1819~1900*）(註1)

艾琳與桑迪颶風來襲期間，紐約市民在分類廣告網站 Craigslist（註2）上刊登小廣告，期望能在浪漫愛情與魚水之歡的溫柔鄉裡安度暴風雨。

「如果颶風即將摧毀紐約市，就讓我們一同見證這一幕吧;)。三十歲男徵女友（皇后區、布魯克林、曼哈頓、布隆克斯島等）：如果氣象播報員預測正確，艾琳將要摧殘紐約市……我打算找個最棒的地點，跟美女喝著咖啡，看著這個週日清晨來訪的颶風。如果妳就是那位美女，請跟我聯絡;~)」

「颶風肆虐的當下，躲在屋子裡做愛的感覺會有多麼火辣？我敢說熱情指數破表……快來，桑迪的腳步接近了！」

「給剛剛在蘇活區避難中心遇見的妳。三十八歲男尋女：我很清楚妳可能永遠看不到這則訊息，我不在乎，因為我就是這麼個無可救藥的浪漫男，尤其是在颶風疏散期間。妳是我見過最教人驚豔的女人……如果我們都能幸運逃過這一劫，我會永遠記得我們手拿政府發放的乳酪餅乾時一起灑下的淚水。」

班傑明・富蘭克林大力倡導空氣浴，也就是赤身裸體坐在敞開的窗子旁。「我幾乎每天都早起，光著身子坐在臥室裡，看看書或寫寫東西，時間半小時到一小時不等，視季節而定。」在蒙古沙漠的沙暴中，美國自然歷史博物館首席古生物學家馬克・諾瑞爾（Mark Norell）也體驗了富蘭克林的提神良方。「你脫掉身上所有衣服(註3)，站在沙暴當中，細沙拂過你身體時會產生靜電，你被沙粒掃射攻擊，全身毛髮直豎。」

歐洲小冰河時期，每當河流和運河結凍，冰上就會發展出各式嘉年華城。威尼斯、阿姆斯特丹和倫敦都有「冰凍市集」。遊樂節目不一而足，包括以狗鬥牛、鬥熊、賽馬、射箭、偶戲、音樂表演、足球比賽、盛宴、飲酒和紅燈區等。有一首十七世紀的詩描寫了倫敦的冰凍市集：「冰凍河面花樣千奇百怪（註4），泰晤士河恍若桃源屹立世外。」

氣象報告提供給人們的不只是訊息。英國廣播四台每天播報四次海上天氣預報，一代代的英國人從這些漁業氣象的催眠節奏中得到慰藉。「有哪種語言裡的哪種元素足堪媲美航海氣象中的詩意？」《衛報》（*The Guardian*）某位撰文者如此提問，「播報員的嗓音^{（註5）}……（是）上帝的聲音，無所不知、無所憂懼……一心只想守護你，讓你免於狂暴世界的侵擾……『羅科爾、赫布底里群島，東南風，八級大風到十級暴風。轉為南風，九級烈風到十一級暴風，有雨，而後狂風驟雨。』……『法羅群島、冰島東南方，北風，七級疾風到九級烈風，稍晚偶有十級暴風。短暫陣雪。』以冷靜鎮定的語氣描繪遼闊與狂暴的畫面，那才叫詩。」

紛飛的雪花會干擾聲波，縮小它們傳遞的距離，造就了伴隨暴風雪而來的那份音聲模糊的寧靜感。剛落地的雪片依然輕盈、充滿空隙。聲音進一步被吸入這些氣渦裡。溫度也來軋一角：聲波通過暖空氣時，速度會加快。下雪的時候，靠近地面的空氣往往比上方的空氣暖和些，聲波於是彎曲向上，進入人耳接收不到的大氣裡。「雪下了一整個星期^(註6)，」美國作家楚門・卡波提（Truman Capote）在短篇小說《蜜莉安》（*Miriam*, 1945）裡寫道，「車輪與腳步在街道上無聲地移動，彷彿活著這回事在一簾無法穿透的淡色布幕後方秘密地進行著。」

「這下子他們只得快步奔跑[註7]，不過到家時也幾乎溼透了。閃電雷鳴持續不斷，落在沿途路上和他們家對面那棟小屋的茅草屋頂上的雨似乎正冒著煙。有時雷聲聽起來像打在高空中，像在雲層的上面，其他時候又像就在馬路的另一頭。幾分鐘前還是風和日麗的好天氣，碧藍的天空裡端坐著有如雪白磐石似的雲朵，幾乎動也不動；不一會兒，光景又變成晦暗的鉛色頂蓋。大約一小時後，天色又亮了些。再過一小時，他們有幸目睹那團暴雨雲遠離，儘管還是陰沉烏黑，它的邊緣已被金黃色的陽光照亮。每隔一段時間，他們會聽到暴風雨仍在肆虐，雖然聲音已經小得多，最後它實在離得太遠，只剩下低沉乖戾的轟隆聲；早先怒氣騰騰的雲朵，此刻低垂在他們頭頂上方，有如覆雪山陵般閃耀著，裡頭有險崖與峭壁，有深谷與洞穴。家人們都說天氣變得多麼涼爽、多麼平靜，欣賞著陽光下無比清新亮麗的青草、樹葉與花朵，愉快地嗅聞雨後泥土的芳香。」

——《園丁亞當》（*Adam the Gardener*），英國作家查爾斯·克拉克（Charles Cowden Clarke）著，一八三四年

在乾燥的天氣裡，岩石和植物表面會積累一層油脂。雨水會釋出這些油脂，空氣裡於是瀰漫著一股清新的土地氣息。礦物學家伊莎貝兒·貝爾（Isabel Joy Bear）與理查·湯瑪斯（Richard G. Thomas）在一八六四年《自然》雜誌（*Nature*）的一篇文章中，用「土香」（petrichor）一詞來形容那種氣味，[註8]「*petr*」代表岩石，「*ichor*」指的是據說流淌在希臘神祇血管裡的仙液。

「我多麼想抓下一塊粉紅色雲朵，把你放在上頭，推著你到處逛。」
　　　　──出自費滋傑羅小說《大亨小傳》第五章，
　　　　　　　　　　女主角黛西對蓋茲比說的話

第十二章

預報

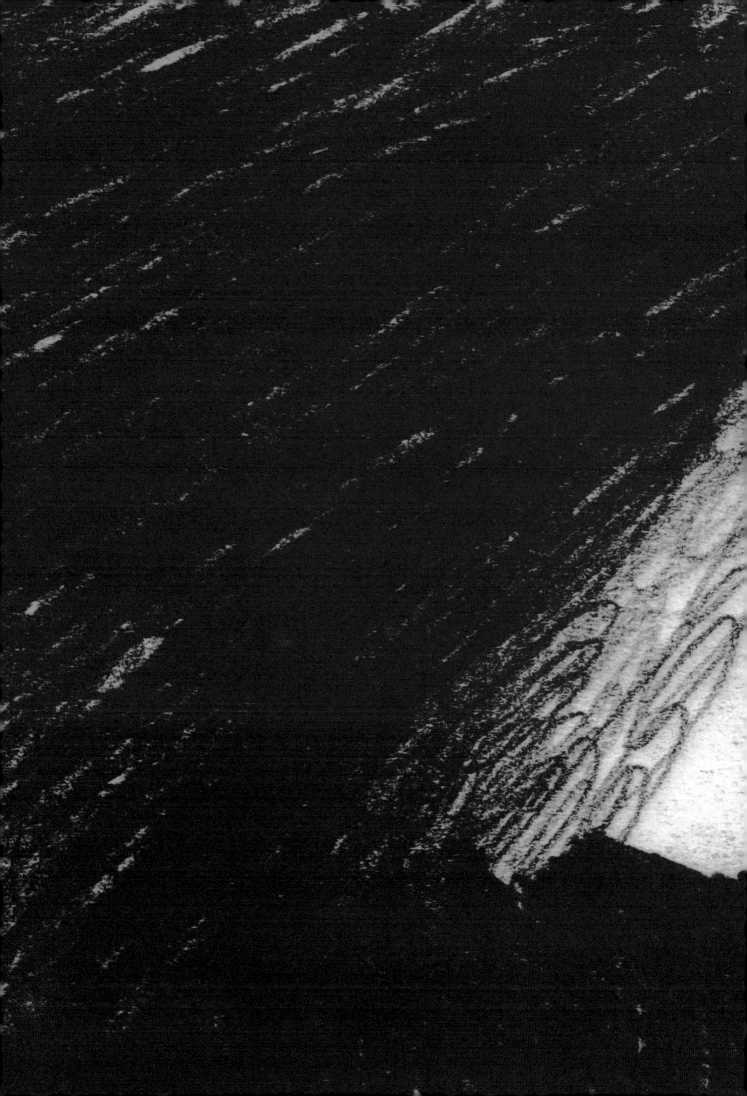

一九五三年六月十日早晨，

雜貨店老闆查爾斯·葛洛布（Charles Golub）

帶四歲女兒蘿冰（Robin）^{（註1）}出門兜風。

他們住在麻州的伍斯特市，

這座城市前一天遭受龍捲風襲擊，

他想看看市區的災後景況。

龍捲風橫掃伍斯特郡，歷時大約一個半小時，

強風範圍最大的時候有一·六公里寬。

這場風災總共造成九十四人死亡，

一萬五千人無家可歸。

瓦礫碎片最遠被吹到麻州南部

科德角的伊斯特翰，

距離超過一百六十公里。

那個小女孩如今已長大成人，

對於當時跟父親在車窗裡見到的景象只有片段記憶。

「印象中我看到斷裂的木頭，屋頂被掀走；

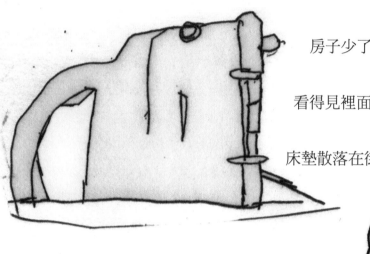

房子少了一面牆，

看得見裡面的臥室；

床墊散落在街道上。

龍捲風來的時候，

有個我們認識的十二、三歲小女孩正在關窗，

她探頭出去，

強風把窗子啪地關上，

切斷她的脖子。

我記得當時大人們談起這件事。」（註2）

那年六月六日，伍斯特的氣溫高達攝氏三十二度。當時夏天還沒到，這種高溫很不尋常。接下來那幾天，氣溫又突然降到二十三、四度左右。當時暴風雨襲擊美國中西部，接二連三的龍捲風蹂躪密西根州和俄亥俄州。隨著風暴系統向東推進，波士頓洛根機場的氣象局[註3]發現麻州也可能出現龍捲風。只是，當時新英格蘭地區的氣象預報從沒使用過「龍捲風」這樣的字眼，當局審慎考量之後，為免造成恐慌，決定不發出警告。到了星期二下班時間，龍捲風曲折轉進伍斯特，人們措手不及。

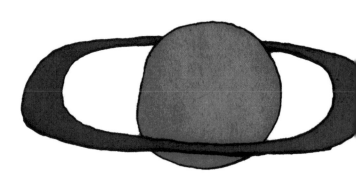

不過，倒是有一份出版品宣稱它準確預測到龍捲風。那就是每年九月出刊的《老農民曆》（The Old Farmer's Almanac），裡面提供一整年的天氣預測，範圍涵蓋全美各地。一九五三年的版本有一段關於當年六月的氣象預報，以這本農民曆特有的押韻對句方式呈現：「狂風猙獰，禍不單行。」然後，《老農民曆》說，總歸一句話，天氣會轉趨「惡劣」[註4]。

龍捲風過後，讀者紛紛寫信去讚賞《老農民曆》。半個世紀之後，那裡的編輯還會引用「狂風猙獰，禍不單行」這句話來證明這份刊物不可思議的神準預報。

《老農民曆》已經預報天氣超過二百二十年，歷史比鐵路和電燈更悠久。它的創刊號於一七九二年發行，當時美國只有十五州，總統是喬治·華盛頓。

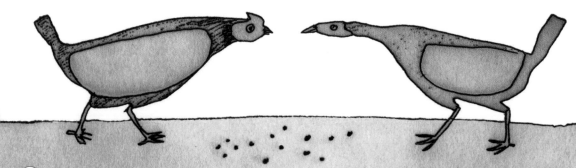

人類出版農民曆——「上天的日曆」——的時間可追溯到中世紀時期，當中記錄了月亮、太陽和星辰的運行。這類書籍通常附有潮汐表，日出日落時間與未來一年的氣象預報。發明活字印刷的約翰內斯・古騰堡（Johannes Gutenberg）在印行他舉世聞名的《古騰堡聖經》前多年，先印了農民曆。早期美國殖民地居民家中的藏書多半也只有《聖經》和農民曆。農民曆是春耕秋收、照料牲畜的重要指引，此外也提供居家偏方，驛馬車時刻表、重要道路，以及道路沿線旅店的老闆姓名。美國古文物協會收藏了大批農民曆，由已故的理察・安德斯（Richard Anders）負責編目整理。安德斯曾說：「如果農民曆有個綜合主題，那應該是：『如何走過人生路（註5）。』」

《老農民曆》刊載的日曆除了包含所有常見資訊，也沒忘記製造新鮮感。就連一七九二年出刊的一七九三年版創刊號書名頁都標註為「全新改革版」。《老農民曆》裡穿插了警句格言和幽默小語，延續了富蘭克林的《窮理查年鑑》（Poor Richard's Almanack）裡上層美國人精明世故、一本正經的腔調。當時《窮理查年鑑》已停刊三十四年之久。富蘭克林曾在這本年鑑裡勸告讀者，「魚肉和訪客一樣，三天後就發臭」以及「欲速則不達」。在《老農民曆》裡，「窮耐德」提醒大家：「當貧窮走進家門，愛就悄悄爬窗溜走。」這兩本曆書都頌揚節儉、婚姻與謹慎的好處。《老農民曆》自詡做一本「有用處，帶有相當程度的討喜幽默」的曆書。到目前為止，它的左上角還會打個洞，方便掛起來隨時翻查。曾經擔任《老農民曆》編輯的賈德森・黑爾（Judson Hale）說：「它不是一本擺在書架上的書。」最近幾年，它的紙本發行量大約維持在三百多萬本。如今，它也有臉書專頁、推特帳號和多個行動電話應用程式。

在一八○六年版，《老農民曆》創辦人暨編輯羅伯特‧湯瑪斯（R. B. Thomas）告訴讀者：「沒有任何主題像天氣這般受到普遍的關注。」他建立了氣象預報不可或缺的七種「主要徵兆」：「早先的天氣狀態」、「大氣的波動」、「天空的明顯色澤」、「雲朵的樣貌」、「風況」、「氣溫的變化」，以及「太陽與月亮的明顯色澤」等。湯瑪斯發明的「神祕預報公式」，至今還收藏在公司位於新罕布夏州都柏林鎮總部辦公室的一個黑色錫盒裡，《老農民曆》號稱目前仍然靠它預報天氣。有了這個公式，湯瑪斯先前才能告訴讀者未來的天氣會是如何，比如說「以這個季節而言，天氣無可挑剔」。

後來的編輯用詞更為簡潔。維伯・薩根朵夫（Robb Sagendorph）在一九二九年買下《老農民曆》，在他掌舵那段時間，典型的預報會說整個季節全國各地都是「溫和」或「潮溼」或「嚴寒」[註6]的天氣。有個讀者寫信要求提供更具體的描述，薩根朵夫回覆：

> 「您希望知道一九四七年新英格蘭地區十二月究竟降下多少片雪花？[註7]根據本刊工作人員回報，這個數字相當驚人，卻不夠正確，因為有幾片雪花飄到曼斯菲德（Mt. Mansfield）東側、靠近佛蒙特州的斯托鎮（Stowe），跟幾片從地面被吹上來、已經數過的雪片混在一起。很抱歉。」

薩根朵夫宣稱他的預報準確率是百分之八十。一九六六年《生活》雜誌（*Life*）對他做了人物側寫，介紹他的預報技巧：

> 「他會先掌握一系列密切觀察得來的天氣週期[註8]，包括太陽黑子、颶風和暴風雨的週期，每三十五年一次的布氏週期（Brückner cycle）*、四十天的聖經週期，以及其他幾個從傳世格言中搜羅來的知識（「寒冬接連幾十年」）。之後，他把一年的時間依序分成幾個單元：春天、夏天、秋天、冬天、颶風、東北暴風、冷天、大雪、暴風雪和龍捲風。他也會對照海洋溫度、暴風雨路徑和天氣平均值。最後他會查閱「日之書」（*Book of Days*）裡的神秘資料。「日之書」是一本手冊，裡面記載著機密公式，自一七九二年起由《老農民曆》的編輯代代相傳。」

薩根朵夫對自己的工作低調自謙：「它並不科學[註9]。坦白說，我不知道它依據的是什麼。」儘管如此，他還是會找哈佛的天文學家合作，最後還聘了個太空總署科學家當全職預報員。在薩根朵夫和他之後的兩名編輯手上，《老農民曆》走向「精緻化，也使用尖端科技和現代科學計算強化預報公式」[註10]。只是，薩根朵夫心知肚明，《老農民曆》的預報給人的感覺始終有點像算命。「我幾乎相信[註11]，像《老農民曆》這種流傳已久、充滿古味的東西，總有一股揮之不去的神秘特質。不管你多麼努力避免，這種特質偶爾還是會讓它充滿預言色彩。」

* 譯註：一八九〇年德國地理學家兼氣象學家布魯克納（E. Brückner, 1862-1927）對照溼冷期與乾暖期的遞變，發現大約每三十五年轉換一次。布氏認為這是全球性氣候現象，對經濟有重大影響，但真實性仍然存疑，對氣象預報鮮有用處。

在《老農民曆》一九六三年十一月那一頁（在那之前一年多便已寫下），
在潮汐表和月球週期右邊狹窄欄位裡的
當月「日曆短文」，訴說了一段
神秘故事，讀起來像寓言。

有個鄉紳一面抽菸斗，
一面跟兒子閒聊。
一隻松鴉呱呱鳴啼，
叫聲聽來彷彿英文字「浩劫」（havoc）的發音。

鄉紳欣賞著這個美麗秋日，
看著樹葉緩緩飄落。
「這個世界還有生命力。」
鄉紳訴說著自己的好運時，
松鴉振翅飛走了。

「四周
好安靜，
你幾乎
聽得見
這個世界
努力在維持
原貌。」
到了這裡，
故事的文字沿著
日期往下走，
來到十一月
第三個星期。
那個兒子有點感嘆，
覺得世道紛亂動盪，自己
卻享受著小確幸，有點良心不安。
他告訴父親：「天黑了，」——這時字串來到十一月二十二日，甘迺迪總
統被暗殺的那一天——「可能會發生命案。」十一月分最後那八天裡，
《老農民曆》預見了失序的天氣：暴風雨、降雨、下雪、強風、迷霧等。
十一月二十五日那天，它還標記了小甘迺迪的生日，並在同一頁底部加了
一條註記：「本月兩次滿月，慎防犯罪事件。」

一九七〇年，薩根朵夫過世後，他的外甥賈德森·黑爾接棒，成為《老農民曆》一百八十二年來的第十二任編輯。黑爾十二年前進入《老農民曆》任職，負責撰寫讀者來函。（「大多數讀者來函都有點乏味，所以我負責寫些有趣的信。我把信寄到打字的人手上，那人一直以為那些信都是真的。」）從二〇〇〇年起，黑爾在《老農民曆》只保有榮譽職位，但他還是天天進辦公室。二〇一一年十一月某天，當時八十出頭的黑爾穿著色彩繽紛的格子襯衫、燈芯絨長褲和花呢外套走進辦公室，將隨身物品擺在一只柳條籃裡。

黑爾：「我們並沒有預測到甘迺迪遇刺，可是很多人都這樣解讀。讀者從世界各地寫信來。甘迺迪遭槍殺那天是星期五，旁邊的文字寫道：『天黑了，可能會發生命案。』是啊，『天黑了，可能會發生命案。』我問過寫這些文字的班·萊斯（Ben Rice）。他說：『喔，我只是覺得十一月這個月分有點古怪，就這麼寫了。我也不知道為什麼。』有人說：『那些訊息飄在空中，他只是剛好接收到。』天曉得。」

一八五八年，有個叫亞伯拉罕·林肯的年輕庭審律師為被控殺人的威廉·阿姆斯壯（William "Duff" Armstrong）辯護。有個目擊證人指天誓日地說，他前一年八月二十九日在滿月的光線下，親眼看見阿姆斯壯殺死被害人。在法庭上，林肯要求目擊證人誦讀《老農民曆》（註12）一八五七年八月二十九日的一段文字，也把那一頁呈給陪審團查閱。「月亮低垂，」《老農民曆》寫道。林肯說，這就是科學證據，當時光線不足，證人不可能看得清楚犯罪經過。被告無罪開釋。

二次大戰期間，聯邦調查局在紐約市賓夕法尼亞車站逮捕一名德國間諜，那人口袋裡藏著一本一九四二年版《老農民曆》，美國新聞檢查局顯然擔心德國人透過這本年曆取得重要情資，他們依據〈美國媒體戰時行為準則〉要求《老農民曆》改以氣象「徵兆」取代氣象「預報」。（註13）

對於這些往事，《老農民曆》的編輯津津樂道，很為這份刊物的歷史與受到肯定的可信度為榮，不過他們會邊說邊眨眼。當年外傳納粹確實參考了《老農民曆》的氣象預報，據說薩根朵夫的反應是：「有此可能，畢竟他們打了敗仗。」黑爾提起林肯的故事時補充，那名被告因為《老農民曆》獲判無罪，卻在死前承認人是他殺的。

黑爾：「我最常被問到的問題是，『今年冬天天氣如何？』第二個問題是，『《老農民曆》為什麼還在出版，而且依然賣得很好？』

「這兩個問題我都答不出來。我總喜歡回答天氣會像冬天，之後就是春天，結果通常八九不離十。但我還是會認真地告訴他們我們的預報內容。至於《老農民曆》為什麼能撐這麼久，我猜長久以來人們開始把它視為這個變動世界裡的老朋友。我經常告訴讀者，每年的《老農民曆》刊登的都是全新內容，只是，它的樣式、包裝、整本書的結構、封面，就像個永遠不變的朋友，能夠讓人安心。

「我的早餐桌旁就有一份。我總是納悶，『今天是個什麼日子？』我翻翻它，心就踏實了。嗯，明天滿月，它會告訴你今天的黃昏之星是哪一顆，太陽幾點下山、幾點升起。然後你會想，『天哪，我們果然生活在規律運行的宇宙裡。也許生活不像我每天眼觀耳聞的這個世界這般教人困惑。』

「《老農民曆》剛出刊的時候有點像《花花公子》，我是說，像任何一本刊物，比如《紐約時報》。它只是人們向每週來一趟的馬車採買生活用品時順手買下的東西。你能想像以前還沒有電燈的年代嗎？到這個季節天色變得很暗，真的什麼都看不清。你必須點蠟燭或燈籠。《老農民曆》會告訴你什麼時間開始天黑。」

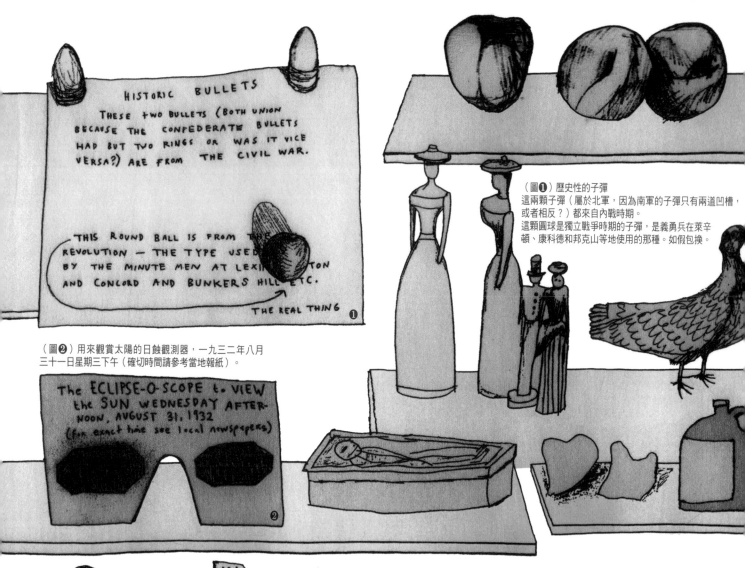

（圖❶）歷史性的子彈
這兩顆子彈（屬於北軍，因為南軍的子彈只有兩道凹槽，或者相反？）都來自內戰時期。
這顆圓球是獨立戰爭時期的子彈，是義勇兵在萊辛頓、康科德和邦克山等地使用的那種。如假包換。

（圖❷）用來觀賞太陽的日蝕觀測器，一九三二年八月三十一日星期三下午（確切時間請參考當地報紙）。

黑爾在辦公室裡擺放了許多三十年編輯生涯的紀念品。牆上掛著被子和畫作，也有喬特中學和達特茅斯學院的畢業證書。一九五五年，黑爾因為嘔吐在院長夫婦身上而被退學（他退伍後重新獲准入學，終於順利畢業）。有一張一九八四年總統候選人華特·孟岱爾（Walter Mondale）底特律造勢大會的傳單，一隻橡膠小雞、一部舊式電話機、波士頓塞爾提克隊的T恤。有黑爾的家族照、美國大聯盟球員泰德·威廉斯和多明尼克·狄馬喬的照片，也有新英格蘭的雪景照片。

辦公室有一邊是黑爾的「歷史見證博物館」，包括四層置物架，塞滿裝在夾鏈袋裡或掀開的珠寶盒裡的各式物品。每一件物品旁邊都有一張手寫白色說明卡。其中一片木頭標記著「來自蘋果種子強尼·家的果園」。也有「恐龍的胃石」；「亞瑟王城堡廢墟」的石頭；「傳說中的特洛伊城」的石頭；「德州與墨西哥之間知名的阿拉摩戰場」的石頭；「英國史前巨石陣」的石頭。（註14）有一塊破布，據說取自查爾斯·林白（Charles Lindbergh）的飛機「聖路易斯精神號」；另外一個盒子裡展示著破舊的刺繡手帕。（黑爾：「我不會把那塊手帕拿來當手帕用。萬一我想打噴嚏，它剛好在手邊，也許我會拿來用，不然它純粹是展示品。」）有一根獨立戰爭時期愛國銀匠保羅·里維爾（Paul Revere）打造的銅釘，還有兩張泡過水的發黃信紙，上面沒有明顯字跡，其中一張標示為「來自摩根大通集團的信」，另一張是「來自鐵達尼號的信」。

如果有人問起這些東西的真實性，黑爾會說：「沒人知道這些東西是真是假，就跟《老農民曆》一樣。」

（圖❸）一九八七年六月有人從莫斯科紅場摸回這些小石子，小偷是知名的理想主義者兼自由思想家克里斯·黑爾。

These pebbles were taken from RED SQUARE in MOSCOW. JUNE 87. The thief was Chris Hale, noted idealist and free thinker

④ BRICK & PLASTER FROM THOREAU'S WALDEN POND HOUSE EXCAVATED BY ROLAND WELLS ROBBINS IN 1945

#3

（圖❹）梭羅的華騰湖畔小屋的磚塊與灰泥，一九四五年被考古學家羅蘭·羅賓斯（Roland Wells Robbins）挖掘出來。

AN Albino CARROT (very rare)

白化症胡蘿蔔（極為罕見）。

AUTHENTIC UNCLE SAM DIRT BAG SOIL DUG BENEATH ORIGINAL BARN

正牌的山姆大叔泥土袋**，從原始穀倉底下挖出來的土。

最後：搖擺尖叫吧！披頭四的頭髮！數量有限，別懷疑。

AT LAST: Twist and Shout! BEATLES' HAIR! SUPPLY IS LIMITED BELIEVE IT YEAH! YEAH! YEA

* 譯註：Johnny Appleseed，美國拓荒時期傳奇人物，他為了讓全美各地的人都能吃到他種的香甜蘋果，帶著蘋果種子到處種植。

** 譯註：而山姆大叔據說是十九世紀的肉品包裝商人，美國與英國打仗時負責供應美軍肉品，人稱Uncle Sam，由於縮寫跟美國（US）一樣，後來美國亦稱山姆大叔。

黑爾：「如果強烈暴風雪來襲，人們會打電話進來問：『你們有沒有預測到這次暴風雪？』也許有，也許沒有。《老農民曆》裡有三個地方可以讓你查閱。我們翻開來查，心想，嗯，新英格蘭的當地預報沒有，我們漏掉了。好吧，再來查查全國預報，那裡也沒有。於是我們翻到日曆頁。喔，有了，上面說「嚴寒」或什麼的。這就對了！嗯，就像我們說的，準確率百分之八十。在《老農民曆》裡，傳統非常重要。宣稱準確率達百分之八十是我們的傳統。

「我們每個月都有氣溫和降雨機率預報，不是平均值上下，就是平均值。如果我們說氣溫在平均值以上，結果真在平均值以上，不管差距是〇・五度或五度，我們還是算正確。從這個角度來看，我們的全年準確率通常達到百分之八十五到九十。準確率相當高。

「至於國家氣象局，他們的預報提前二到三個月，而我們提前八到九個月。我認為他們抄襲我們。」

在奧克拉荷馬大學諾曼校區的國家氣象中心外牆有一塊牌匾，上面刻了拉丁文「*TOTUM ANIMO COMPRENDERE CAELUM*」，附有英譯：「以心靈擁抱整片天空。」那棟建築物裡有個氣象智庫。美國海洋與大氣管理局的劇烈風暴實驗室在二樓，就在國家氣象中心預報辦公室與暴風雪預測中心的走廊另一端。雷達運轉中心和預警決策訓練部門就在一處通風中庭的東南側。五樓是大學的氣象學系。從車身被冰雹打出的痘疤似的凹陷和裂成蜘蛛網的前窗玻璃，就能看出停車場停的是幾部追風休旅車。

哈洛德・布魯克斯（Harold Brooks）是國家劇烈風暴實驗室的氣象學家。

布魯克斯：「《老農民曆》宣稱（註15）他們的預報準確率達百分之八十。所有的預報系統至少都有這樣的準確率。我們看看十九世紀中葉的英國國家氣象局，他們也說自己的預報準確率達百分之八十，到如今還是不改口徑。他們預報的是不同元素、不同事項，但很顯然我們所謂的正確的標準會改變，以便維持百分之八十這個神奇數字。」

一九七二年，氣象學家愛德華·羅倫茲（Edward Lorenz）[註16]在美國科學促進學會的研討會上發表一篇報告，標題為：〈可預測性：巴西的蝴蝶振動翅膀，會不會在德州引發龍捲風？〉。羅倫茲在這篇報告裡闡述他的理論，說明複雜系統裡的不可預測性。在那之前十年[註17]，羅倫茲不斷咀嚼電腦中的一大堆數字。原始輸入數據代表大氣狀態，得出的結果理論上可以預測未來幾個月的天氣。在某個時間點，羅倫茲決定重複某一部分的計算過程。他重新輸入數據的時候，使用了捨入誤差，將.506127調整為.506。這個調整看似無關緊要，卻造成顯著不同的結果。羅倫茲說，這個系統對初始條件異常敏感：小數點後的幾個數字代表大氣裡的微小騷動，像是蝴蝶翅膀的鼓動。在羅倫茲看來，這種差異結果意味著長期預報注定會出錯[註18]。

羅倫茲：「因為我們不清楚世上究竟有多少蝴蝶[註19]，更不知道牠們都棲息在什麼地方，更別提某個特定時刻哪一隻正在拍動翅膀，我們無法……準確地預報足夠遙遠的未來何時會發生龍捲風。」

「蝴蝶效應」後來成了知名比喻，用來表示對初始條件的微小變化的敏感度，也就是如今大家所知的混沌理論（chaos theory）。誠如後來的《紐約時報》所說：「完美的氣象預報[註20]需要的不只是完美的模式，還需要對某個時刻全世界各地的風、氣溫、溼度與其他狀況的完美掌握。即便一丁點的差異，都會導致截然不同的天氣。」

布魯克斯：「我們對當前的大氣狀態了解不夠完整。難道你真的打算測量空氣裡每個分子的溫度嗎？可是，好吧，有時我們所認知的誤差太小，以實用層面而言，其實無關緊要。

「你正在橫越紐約市的街道，你看見車子來了，你腦子裡有個模式：車子好像開過來了，可是我還有時間過馬路。如果你對車子的行駛速度判斷錯誤，比如你以為它的時速是四十八公里，事實上卻是五十公里，除非車子離你太近，否則這點差距影響不大。可是如果那輛子莫明其妙地突然加速到時速一百四十公里，你的預測模式就不管用了。或者，你搭計程車從晨邊高地到格林威治村，那麼我的誤差就有作用了，因為如果我對車速的判斷誤差有三公里，那麼這段不短的路程會讓我的抵達時間產生十分鐘誤差。如果你從紐約開車到洛杉磯，失誤就更大。所以，這些小狀況真的會讓事情複雜化。這就是長程預報。」

雖然我們會期待氣象報告能幫我們決定每天該添衣或減衣，或在暴風雪來襲前做好準備，但我們直覺上可以接受氣象預報範圍與準確度有其局限。舉例來說，我們不會要求預報員告訴我們某個時間或地點，某一朵雲的具體大小與形狀。只是，我們究竟可以對預報員和他們的預報有些什麼要求，至今依然沒有定論。一九九三年，氣象學家兼統計學者艾倫·墨菲（Allan H. Murphy）發表過一篇文章，題目是：〈何謂優質預報？〉[註21]。他希望告訴我們，我們該把期待放在盲目瞎猜到精準預測範圍裡的哪個位置。

墨菲概述氣象預報必須具備三種他所謂的「優質特點」。首先是「一致性」：好的預報直接反映預報員對未來狀況最真實且最精準的判斷。其次是「品質」：好的預報跟事後觀察到的狀況之間有其類似性。最後是「價值」：好的預報協助使用者做出在經濟或其他方面的有益決策。比如某個家庭聽到氣象預報，撤離颶風威脅地區，因而倖免於難。

墨菲認知中的優質預報也強調不確定性的傳達，也就是羅倫茲所描述的本質上的不可預測性。

可是人們不喜歡不確定性，由於這份不確定性，人們總愛嘲笑氣象預報員顢頇無能。

國家氣象局風暴預測中心的預警協調氣象專家葛瑞格‧卡爾賓（Greg Carbin）：「你必須接受有所謂的模糊地帶。(註22) 我們的觀測網絡稍嫌粗略，無法真的告訴你某些特定地點存在何種大氣變數。地球表面有太多區域欠缺充足的大氣資訊，很多時候你不得不自己填空。你一知半解，卻必須利用有限的資訊做出抉擇，這工作有時會讓人很挫折。」比方說，如果惡劣天候的預警與否牽涉到人命，預報員就可能會擔心出錯。

卡爾賓：「大多數情況下，漏報的懲罰值高於假警報。但你希望找到平衡。假警報不能太多，否則以後沒人會把你的預報當真。」

有些預報做法可能會加深外界質疑。某些情況下，預報員會刻意降低預報的準確度。奈特‧席佛（Nate Silver）在他的書《精準預測》（*The Signal and the Noise*）裡引用「溼偏差」（wet bias）(註23) 為例。所謂溼偏差指的是商業氣象預報往往會誇大降雨機率，因為如果預測會下雨卻沒下，人們會很開心。但如果被預期外的陣雨打亂計畫，人們就會心煩意亂。

瑞克‧史密斯（Rick Smith）是美國海洋與大氣管理局的氣象學家，他是該局與媒體和緊急事務管理單位之間的聯絡人。

「人們要的是直截了當的答案。(註24) 這很難，我們沒有直截了當的答案。『雷陣雨的機率是百分之三十。』機率通常不太容易轉換成決策，不管是某個社區評估該不該發布龍捲風警報，或因

為風暴來襲停課。氣象事件當天，人們會打電話進來，想知道該如何因應。最後問題都會變成：你會怎麼做？我會告訴他們：『我會打電話給我太太和孩子，要他們別在戶外逗留。』或『今晚是我五年級的兒子小學畢業典禮，我們不去參加。』」盡量換個方式回答。

「我們提供資訊。人們必須接收資訊，利用這些資訊替自己做決定。我們這份工作的職責主要在於告訴大家天氣要變壞了，好讓他們採取行動。至於你要不要關上避難所的鋼門，這最後一步由你自己決定。」(註25)

墨菲：「預報……的價值在於(註26)，它有能力左右使用者的決策……預報本身沒有價值可言。」

麥克‧史坦柏格（Michael Steinberg）從一九九六年起擔任《老農民曆》的氣象學家至今，他每年獨力完成美國十六個地區與加拿大五個地區的長期氣象預報。史坦柏格畢業於康乃爾大學大氣科學系，擁有賓州州立大學氣象碩士學位。他一九七八年進入美國AccuWeather氣象預報公司擔任預報專家，專攻冰與雪的預測，目前是該公司資深副總裁。他說《老農民曆》的秘密公式是「一種方法學，透過觀察事物之間的關係，(註27) 預測接下來的演變」。

史坦柏格：「幾年前我在網路上看到一篇文章，裡頭列出美國前五大商業機密，裡面包括可口可樂的秘密配方和肯德基炸雞的秘密香料成分。《老農民曆》用來預測長期氣象的秘密公式排名第三。

「如果公式只是『太陽輻射總量乘以三，減去常溫，答案就在其中』這麼簡單就好了。事實不然。即使你有機會查閱黑盒子裡的東西，也沒辦法單靠它創造出氣象預報。」

為了配合《老農民曆》的出版時程，史坦柏格幾乎得提早兩年做出天氣預測。對於《老農民曆》百分之八十的準確率，史坦柏格的看法是：「我有什麼資格挑戰傳統？」

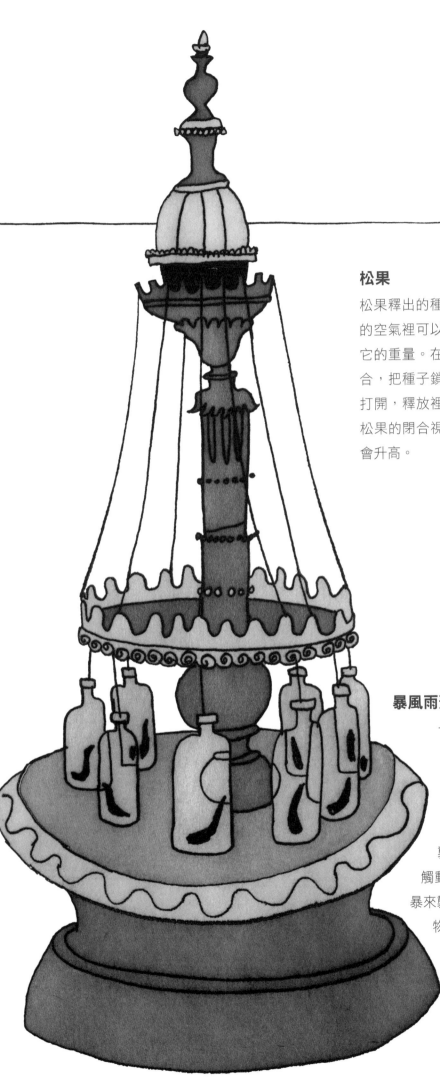

松果

松果釋出的種子會被風吹散。種子在乾燥溫暖的空氣裡可以飄得更遠，因為沒有溼氣來增加它的重量。在潮溼的天氣裡，松果的鱗片會閉合，把種子鎖在裡面。天氣乾燥時，鱗片就會打開，釋放裡面的種子。善觀天候的人因此將松果的閉合視為溼度增加的跡象，降雨機率也會升高。

暴風雨預卜儀，或稱水蛭晴雨表

十九世紀英國醫生喬治·梅瑞威勒（George Merryweather）發明的裝置，利用水蛭來預測天氣，一八五一年在倫敦水晶宮展覽會上展出。梅瑞威勒說，暴風雨來襲前，玻璃瓶裡的水蛭會往上爬，觸動裡面的鈴鐺：越多鈴鐺響起，風暴來襲的機率就越高。美國自然歷史博物館環節動物與原生動物館主任馬克·席道爾（Mark Sidall）是水蛭專家，他說，所謂的暴風雨預卜儀「根本是鬼扯」。

　　二〇一一年十一月，我走訪位於新罕布夏州都柏林鎮緬因街的《老農民曆》總部，那是一棟加裝了護牆板的建築物，建於一八〇五年，後來擴建，增加辦公室空間。建築物不高，漆成穀倉紅。它的地點就在都柏林鎮稅捐處、鎮公所和公共圖書館對面。隔壁的都柏林社區教會（註28）的白色尖塔聳立在停車場旁。

　　櫃台人員琳達・克拉凱（Linda Clukay）從一九六六年起便在《老農民曆》總部任職，負責接待訪客。她辦公桌後方牆上掛著《老農民曆》創辦人羅伯特・湯瑪斯及其妻子漢娜（Hannah）的肖像。

　　羅伯特一頭白髮，蓄著絡腮鬍，有著高聳的眉毛。漢娜戴著白色女帽、圍著精緻的蕾絲領巾，愁眉苦臉。標示她肖像的卡片寫道：「這幅肖像曾經被畫成笑臉，一九六一年修復畫作時，原版表情得以重見天日。」

　　黑爾的辦公室和裡面的「歷史見證博物館」在二樓，同一層樓還有一間小型圖書室，裡頭藏有所有出刊過的《老農民曆》和其他年代久遠的參考書。我向黑爾問起那個存放《老農民曆》秘密公式、名聞遐邇的黑盒子。他從他辦公室地板上拿起那個盒子，順手遞給我。

黑爾：「喔，就在這裡，可以打
開。老實說，其實也沒那麼秘密。沒
什麼大不了的東西。」

盒子布滿灰塵，黑色盒身鑲有金邊，大約一般工具箱大小，或糕點園遊會時人們拿來充當收銀盒裝現金的盒子。鎖開著，盒裡有幾本皮革線圈筆記本和兩把苜蓿造型的鑰匙，用一只超大迴紋針夾在一起。另有幾份文件，有打字的，也有手寫的，還有一個信封，上面重複蓋了兩次紅色「機密」字樣。

　　他讓我獨自翻閱盒裡的物品。

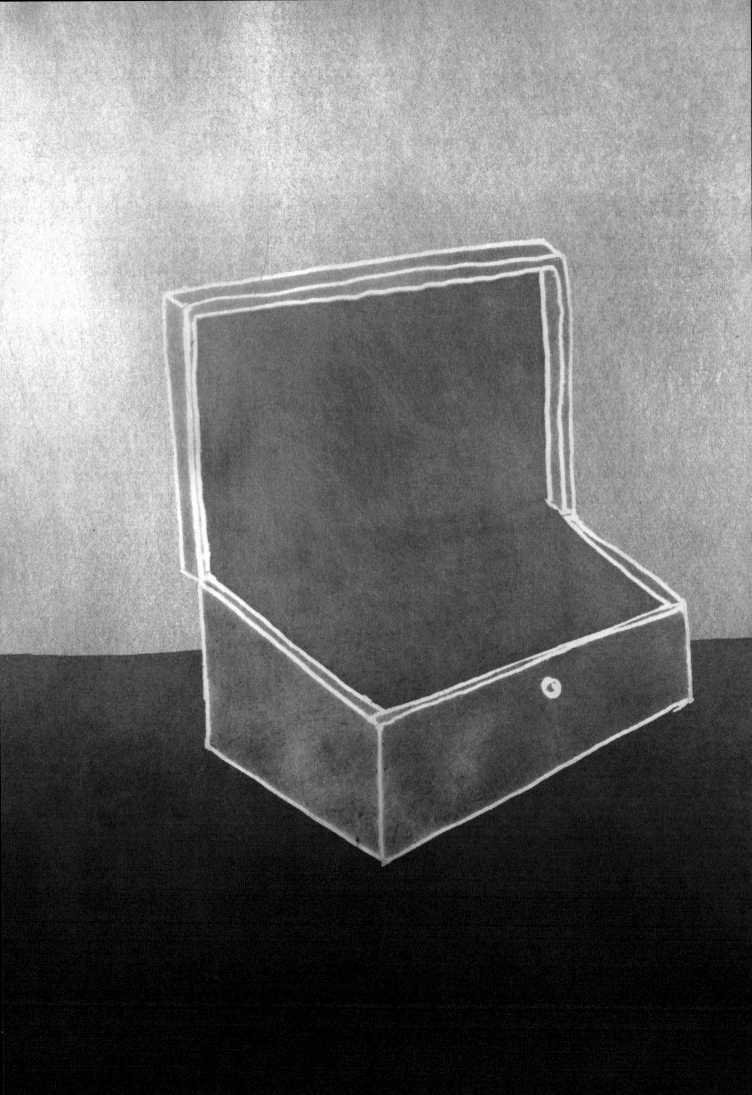

筆記本裡面記載的多半是軼聞趣事，比如歷史上的今天和一些蒐集來的生活小知識等，用來填補《老農民曆》日曆頁面潮汐表和天文數據之間的空白。「一月九日：一八六〇年，內戰第一槍響起。」「七月二日：一九三七年，女飛行員愛蜜莉亞・艾爾哈特（Amelia Earhart）失蹤；四月八日：一七七七年，佛蒙特州前身佛蒙特共和國申請加入北美聯邦被拒；四月一日：愚人節（放個笑話）。」

　　那個重複蓋印「機密」字樣的信封袋裡裝有三張打字文件，以釘書針裝訂，沒有日期，也沒有署名。第一頁的標題為：

「氣象預報—《老農民曆》」

底下是強調文字：

「僅供內部使用」

接下來：

　　「目前提前一到兩年時間預測美國本土相比鄰的四十八州天氣的程序，包括以下步驟：」

　　那七個步驟內容大致上是：先預測太陽活動。然後，決定「地球的定位與它的磁氣圈」。第三步涉及「地球與太陽赤道的相對位置，以及地球地磁軸的傾斜角度與太陽風的相對方向」。「後者決定了衝撞磁氣圈的分子與磁場能量之中，有多少傳送到地球的大氣層（主要透過地球的磁尾傳送，經由某種複雜過程，最終抵達極光區。」

　　下一步是研究宇宙射線的變化。第五，檢視過往的太陽活動，藉以判斷未來狀況。

　　至於第六步，你分析第三、四、五步的數據，用來「預測冬季裡高空槽明顯加深的次數與伴隨而來的寒潮的發生，以及背風處的風暴系統的形成；預測通常代表晴朗穩定的高壓系統的增強，或低壓系統的加劇及其出現頻率。」

　　最後，「再將月球效應納入考量」。所謂的月球效應「與滿月時月亮穿越地球磁尾的磁鞘有關，也與新月時期月球對太陽風的干擾有關（因而也影響傳送到地球大氣層的分子能量）。於是，滿月或新月時期月球接近黃道面的時間點就變得很重要。」

　　這段一開始就語焉不詳的文字，一路讀下來是越看越糊塗。內容條列得越多，卻越晦澀難懂，讀起來有如謎語。最後還附上一段免責聲明：本公式目前的內容並未考量人類對天氣的影響，或諸如城市熱島效應之類的在地因素，以及像是火山爆發或森林大火等自然現象所造成的衝擊。儘管如此，接下來文章卻又重申對這個預報系統信心十足。這位不具名的作者寫道：「這份文件將能帶來有益全人類、益發值得信賴的預報。」

　　我請美國海洋與大氣管理局氣象學家卡爾賓評估《老農民曆》的預測公式，他說：「很難讀得懂。」

氣象預報綜合了我們對過去的知識、我們現階段對科學的了解，

以及我們對未來最精準的猜測。

每個因素都不完美，

預測是人類成就與人類局限的總結。

透過現代氣象學，

我們對氣象多了些認識，

也發展出足以令祖先們

目瞪口呆的預報能力。

可是科學能告訴我們的很有限：

某種程度上，

星期二的天氣會如何依然是個謎。

我們仰望天空，

我們盯著杜卜勒雷達螢幕，

我們偷瞄一眼黑盒子。

卡爾賓：「我們看得出來太陽與地球的運行創造了四季。

我們知道我們會進入某個北半球是冬季、

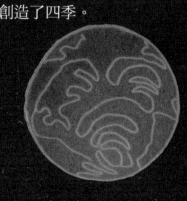

南半球是溫暖夏天的時期。

這是屬於大自然的週期。

如果你把範圍放大：冬天會冷、夏天會熱。

如果這麼簡單就好了，

偏偏魔鬼藏在細節裡。」

附 註

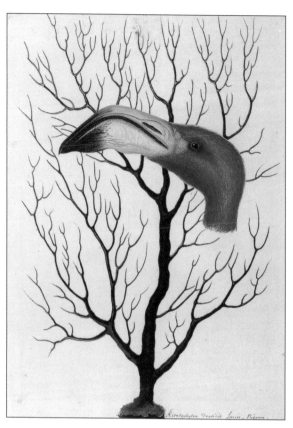

馬克‧凱茨比（Mark Catesby），〈紅鶴頭與
柳珊瑚〉（Head of the Flamingo and
Gorgonian），一七二五年。

彼得‧韓德森（Peter Henderson），〈美國櫻
草〉（The American Cowslip），一八〇一年。

關於畫作

本書許多圖畫都是現場寫生而來：比如阿塔卡馬沙漠、北極、紐芬蘭、新罕布夏州都柏林的《老農民曆》辦公室等等。我也觀賞了各種素材，比如貝殼雕、希臘陶器、檔案照片和日本屏風。此外還有：

第二章〈低溫〉的內容也參考了十六世紀荷蘭探險家葛里特·德維爾（Gerrit de Veer）的日記。這本日記出版後名為《威廉·巴倫支前往北極地區的三趟航程：一五九四、一五九五及一五九六年》（The Three Voyages of William Barents to the Arctic Regions: 1594, 1595, and 1596），當中記載了荷蘭探險隊前往斯瓦巴群島的經過。

一四四五年康拉德斯·舒拉波里齊（Cunradus Schlapperitzi）的「圖畫聖經」為第八章〈主控權〉提供了特殊靈感。

第九章〈戰爭〉中班·利文斯登的肖像，是參考利文斯登先生借給我的私人照片繪製而成。

第十章〈利益〉的採冰人圖畫是根據十九世紀照片，以及奧斯卡·安德森二世（Oscar Edward Anderson, Jr.）的《美國冷凍技術史》（Refrigeration in America, Princeton University, 1953）、蓋文·維特曼（Gavin Weightman）的《結凍水產業》（The Frozen Water Trade, Hyperion, 2003）和理察·康明斯（Richard O. Cummings）的《美國採冰業》（The American Ice Harvests, University of California Press, 1949）等書中翻拍的蝕刻畫繪成。

第四章〈霧〉的霧角，是根據英國玻璃廠商錢斯兄弟公司（Chance Brothers and Company）攝製的霧角照片畫出來的。這家公司製造的產品也使用於一八五一年倫敦水晶宮大博覽會、英國國會大廈和華盛頓的白宮。

第四章〈霧〉第六十七頁的蟲子，最早出現在十九世紀美國畫家約翰·奧杜邦（John J. Audubon）的作品〈白羽鶴〉（Willet, 1842）裡，

奧杜邦並沒有將這幅非主流畫作收進由他編著的《美國鳥類》（Birds of America）套書裡。

***

我在繪製本書畫作時，使用了兩種版畫技術：銅版蝕刻（copper plate photograpvure etchings）與感光性樹脂版（photopolymer process）。

在銅版蝕刻方面，酸液在銅版上蝕出圖畫的線條與色調，銅版塗上油墨後，顏料就會填滿銅版上腐蝕出的溝槽。緊接著將銅版壓印在潮溼紙張上，呈現出圖案。感光性樹脂版則是傳統凹版印刷的現代變革，過程中以樹脂版取代銅版。

數百年來，藝術家與科學家——以及藝術家兼科學家——利用版畫表現他們的觀察所得，並傳達內心想法。藝術史學家兼策展人蘇珊·戴克曼（Susan Dackerman）說，文藝復興時期，印刷圖案是「探索大自然的工具之一」。從科學角度出發的藝術家偏離刻度尺、透視法、色彩與光線等視覺常規。在某些情況下，傳達特定資訊（有關動物解剖圖或植物結構）的需求，讓他們創造出超現實作品原型。

英國博物學家馬克·凱茨比一七二五年的水彩紅鶴是我最喜歡的作品之一。那隻紅鶴的頭部刻畫細膩，比例完美。細緻線條描繪出鳥嘴上櫛狀構造的紋路，呈現紅鶴的進食方式：以薄片過濾入口的水，留下海藻或甲殼動物。紅鶴頭上的每一根羽毛都一絲不苟地勾勒出來。但這顆頭懸在空中，沒有軀體，巨大無比，在背景的枝狀珊瑚襯托下，幾乎帶點虛幻。

彼得·韓德森於一八〇一年所繪的〈美國櫻草〉是手工上色的植物雕刻作品，前景的櫻草綻放在略微彎曲的花莖上，碩大而孤獨，與背景的海岸峭壁形成對比。它尖銳的花瓣刺向空中，底部的八片葉子像章魚腳似地伸展開來。遠處的海水白沫翻騰，天空因暴風雨的烏雲變得陰暗，遠處兩艘細小船隻在風中顛簸前進。在這陰鬱沉悶的畫面裡，花

朵發出微光，像個突變種，陰森裡透著不祥。

我希望透過媒材的選擇，向這個傳統致敬。凱茨比的紅鶴與韓德森的櫻草捕捉到我們在大自然面前體驗到的某種感受：一股詭異、疑惑與驚駭。我們在面對自然的力量時——呼嘯的狂風、猛烈的雷雨、毒辣的太陽——這類的感受或許最為強烈。

本書所有版畫原先都是黑白作品，之後再逐一上色。

這些作品是我跟兩位版畫大師合作的成果。保羅·穆羅尼（Paul Mullowney）在科特妮·仙妮絲（Courtney Sennish）協助下完成銅版蝕刻作品；保羅·泰勒（Paul Taylor）和他的助手奧利佛·杜威迦納（Oliver Dewey-Gartner）與伊默爾·鞏博斯（Emil Gombos）創作感光性樹脂版作品。

第七章〈天空〉裡的圖畫是我以油彩繪製而成。

以下章節的圖象是使用銅版蝕刻印製而成：第一章〈混亂〉；第二章〈低溫〉（頁30-31除外）；第三章〈雨〉；第四章〈霧〉（頁：58-59、61-62、74-75、76-77）；第五章〈風〉（頁：80-81、82-83、86-87、88-89、90-91、92-93、96-97）；第八章〈主控權〉（頁：140-141、144-145、152-153、154-155、158-159、160-161）。

以下章節的圖象是使用感光性樹脂版印製而成：

第二章〈低溫〉（頁：30-31）；第五章〈風〉（頁：84-85、94-95）；第六章〈高溫〉；第八章〈主控權〉（頁：142-143、146-147、148-149、150-151、156-157）；第九章〈戰爭〉；第十章〈利益〉；第十一章〈玩樂〉；第十二章〈預報〉。正文前的頁面也是。

關於字型

我為本書創造了專屬字型，稱為Qaneq LR，它的因紐特語（Inuit）意思是「飄落的雪」。

大家都知道愛斯基摩人有很多描述雪的單字，但也有人斥為無稽，認為那只是民間傳說。學者們為此論戰不休。克里夫蘭州立大學教授蘿拉·馬丁（Laura Martin）在〈愛斯基摩語裡形容雪的單字〉（Eskimo Words for Snow, 1986）裡寫道，學術界重複引用這個「雪的例證」，充分展露了學術界「小看了語言結構的複雜性」，並且「輕忽了對學術責任的基本要求」。語言學家傑弗里·波倫（Geoffrey Pullum）在〈愛斯基摩字彙大騙局〉（The Great Eskimo Vocabulary Hoax）裡說道：「九個、四十八個、一百個、二百個，誰在乎？聽起來很多，對吧？……真相是，沒這回事。從來沒有哪個通曉愛斯基摩語（更確切地說，從西伯利亞到格陵蘭的愛斯基摩人使用的因紐特與尤皮克〔Yupik〕相關語系）的人說過愛斯基摩語裡有很多描述雪的單字。」

文化人類學者伊果爾·克魯尼克（Igor Krupnik）與人文地理學教授路德格·穆勒威勒（Ludger Müller-Wille）不表贊同。他們已經在愛斯基摩語的各種方言裡找出幾十個形容雪的外形與狀態的單字，譬如mannguumaaq（在溫暖天氣裡軟化的雪）、katakartanaq（外層堅硬，一踩就扁的積雪）、kersokpok（凍結的雪地，上面有足跡）。克魯尼克與穆勒威勒認為，傳統認知裡的「愛斯基摩人」說起雪來確實字彙繁多，還有，他們聊到冰的時候，辭藻就更豐富了。

致謝辭

本書能夠順利出版,歸功於很多人的支持。我特別感謝我的編輯Susan Kamil、我的文稿經紀人Elyse Cheney,感謝Lewis Bernard與美國自然歷史博物館,以及古根漢基金會。

Tamara Connolly、Jackie Hahn和Duncan Tonatiuh在製作與設計方面惠我良多。保羅‧穆羅尼與保羅‧泰勒將我的繪畫製作成版畫;葛瑞格‧卡爾賓、Jenifer Clark、Dane Clark、瑪麗‧安‧庫柏和羅納德‧霍爾幫我查證書中提及的科學論證。AlexaTsoulis-Rey也做了進一步查證。(如果書中仍有舛錯,當然是我個人的疏失。)

非常感謝所有受訪問者,他們很多人的姓名曾都出現在書中。容我向以下人士致上最深的謝意:

Omar Ali、Ted Allen、Dave Andra、Tom Baione、Mark Benner、Julio Betancourt、Jamie Boettcher、Nadine Bourgeois、Harold Brooks、Gerry Cantwell、Emma Caruso、Marie d'Origy、Bella Desai、Benjamin Dreyer、Eleana Duarte、Richard Elman、Gina Eosco、David Ferriero、Barbara Fillon、Mike Foster、Sam Freilich、Ellen Futter、Anne Gaines、Jennifer Garza、Malcolm Gladwell、Liz Goldwyn、J.J. Gourley、Argy Gry、Eve Gruntfest、Steven Guarnaccia、Judson Hale、Joshba Hammerman、Pam Heinselman、Charlotte Herscher、Janet Howe、Alex Jacobs、Justin Jampol、Gillian Kane、Ben Katchor、David Keith、Daniel Kevles、Kim Klockow、Nora Krug、Jim LaDue、Todd Lambrix、Davie Lerner、Ben Livingston、Lenya Lynch、Leigh Marchant、Sally Marvin、Richard McGuire、Carolyn Meers、Stephen Metcalf、Kaela Myers、Tess Nellis、Alana Newhouse、Mark Norell、Loren Noveck、Richard Pearson、Tom Perry、Abigail Pope、Liz Quoetone、Christopher Raxworthy、Lily Redniss、Seth Redniss、Rick Redniss、Robin Redniss、Mia Reitmeyer、Susan Grant Rosen、Marc Rosen、Russ Schneider、Erih Sheehy、Mark Siddall、Sandra Sjursen、Rick Smith、Michael Steinberg、Dave Stensrud、Janice Stillman、Jean Strouse、Keli Tarp、Stewart Thorndike、Joel Towers、Sven Travis、Molly Turpin、David Wettergreen、Any Wood、Teresa Zoro。

謹將此書獻給我的家人:Jody Rosen、Sasha Rosen、Theo Rosen。

第一章 混亂

註 1：這段敘述的內容取材自眾多來源，包括美國國家氣象局發布的訊息："Service Assessment: Hurricane Irene, August 21-30, 2011 (Silver Spring, MD: U.S Department of Commerce, 2012) and Lixion A. Avila and John Cangialosi, "Tropical Cyclone Report: Hurricane Irene" (Miami: National Hurricane Center, December 14, 2011)。

註 2：Ibid（"Tropical Cyclone Report: Hurricane Irene"）。

註 3：我在二〇一一年九月二十三日訪問邦達克，二〇一二年三月二十日訪問弗盧埃琳。為求行文順暢，我在本書此處與其他地方，將訪談內容稍加調整。這段文章的安排無意讓讀者誤以為弗盧埃琳與邦達克在「對話」，只是以兩位目擊者的角度呈現佛蒙特州羅徹斯特市那座墓園的遭遇。

第二章 低溫

註 1：Vilhjálmur Stefánsson, *The Friendly Arctic: The Story of Five Years in Polar Regions* (New York: The Macmillan Co., 1921), 409-10.

註 2：史蒂芬森接著又說：「我順著話題問他們，那麼我們會夢見自己聽見聲音，是不是代表我們的耳朵也會到處跑。他們都覺得這個推論很合理，只是沒聽人這麼說過。他們私底下都相信耳朵跟眼睛一樣，都會到處去。只是，跑出去的不會是外耳，因為他們經常看見人們睡著的時候，外耳並沒有離開。」

註 3：Stefánsson, *The Friendly Arctic*, 288.

註 4：Vilhjálmur Stefánsson, *Hunters of the Great North* (New York: Harcourt, Brace, and Company, 1922), 179-80.

註 5：Stefánsson, *The Friendly Arctic*, 288.

註 6：Stefánsson, *Hunters of the Great North*, 180.

註 7：Stefánsson, *The Friendly Arctic*, 280.

註 8：Stefánsson, *The Friendly Arctic*, 149.

註 9：Stefánsson, *Hunters of the Great North*, 3.

註10：由於地球暖化，這個現象已逐漸改變。

註11：Kristin Prestvold, "Smeerenburg Gravneset," (Longyearbyen: Governor of Svalbard, Environmental Section, 2001).

註12：Helge Ingstad, *Landet med de kalde kyster* (Oslo: Gyldendal, 1948), 57-58, cited in Ingrid Urberg, "Svalbard's Daughters: Personal Accounts of Svalbard's Female Pioneers," *NORDLIT 22* (Fall 2009), 167-191.

註13：Christine Ritter, *A Woman in the Polar Night* (1954), (Fairbanks: University of Alaska Press, 2010), 115.

註14：Ibid, 127.

註15："For Some, No Rest, Even in Death," *The Milwaukee Journal* (August 28, 1985).

註16：Duncan Bartlett, "Why dying is forbidden in the Arctic," *BBC Radio 4* (July 12, 2008). 一九九〇年代，葬在隆雅市的西班牙流感死者屍體被開挖出來，察看冰凍的遺體裡是否存在病毒，以利科學研究。

註17：二〇一二年三月電訪時，歐德嘉提到。

註18："Portrait of an Artist 'Too Old,' " Mark Sabbatini, *Ice People*, Vol. 4, Issue 36 (September 11, 2012).

註19：Vladimir Isachenkov, "Russians revive Ice Age flower from frozen burrow," *Associated Press* (February, 21, 2012).

註20："Is Frozen Food Safe? Freezing and Food Safety," Food Safety and Inspection Service, United States Department of Agriculture, fsis.usda.gov.

註21：二〇一二年二月於挪威斯瓦巴採訪佛勒；二〇一四年多次電訪。

註22：二〇一四年六月與斯瓦巴稅務局的Jørn Erik Kvčven通訊。

註23：根據斯瓦巴稅務局的資料，二〇一二年隆雅市共有一百零二個泰國居民。我跟當地幾名泰籍人士談過話，他們認為官方統計少於實際數字，因為部分新來的泰國居民為了避稅，並沒有向政府機關申報。

註24：二〇一二年三月於斯瓦隆雅市採訪蘇旺波里本。

註25：二〇一二年二月於斯瓦隆雅市採訪黎恩。

註26：Ritter, 54.

第三章 雨

註 1：Robert Mackey, "Latest Updates on the Rescue of the Chilean Miners," *New York Times* (October 30, 2010).

註 2：科學家貝坦古說：「我們所謂的『絕對沙漠』，指的是上面沒有維管束植物，沒有普通植物。就算下雨，多半也是幾十年一次……絕對沙漠裡通常沒有氣象站，因為那根本是浪費時間，對吧？」（二〇一二年四月電訪貝坦古。）也參考：John Houston and Adrian J. Hartley, "The Central Andrea West-Slope Rainshadow and it's Potential Contribution to the Origin of Hyper-Aridity in the Atacama Desert," *International Journal of Climatology*, 23 (2003).

註 3：阿塔卡馬沙漠跟火星一樣氣候乾燥，有高量紫外線輻射。此外，阿塔卡馬沙漠的土壤成分也類似火星沙。

註 4：Houston and Hartley, 1453-1464.

註 5：二〇一二年四月電訪貝坦古。

註 6：二〇一二年一月電訪塞拉塞達。

註 7：二〇一二年三月於紐約採訪瑞克渥斯。我也跟瑞克渥斯討論到氣候變遷下的馬達加斯

加可能會如何改變：「有關這方面，我們在馬達加斯加的研究才剛起步，不過，我們預測氣溫升高可能會帶來更多氣旋。此外，馬達加斯加的降雨量也可能會提高一些。很不幸地，這意味著雨勢可能會更猛烈，降雨更短暫也更密集，由此衍生的地表逕流增加了風暴損害或土壤侵蝕的風險，造成更嚴重的後果。馬達加斯加的居民對氣旋毫不陌生，特別是東岸的人，一旦氣旋來襲，後果總是不堪設想。」

註 8：感謝瑪麗‧安‧庫柏與羅納德‧霍爾（Ronald Holle）為我解說閃電的機制。

註 9：Marcus Tanner, "Lightning kills an entire football team," *Independent* (October 29, 1998). 德國《明鏡週刊》（*Der Speigel*）引述喀麥隆一名治療師的談話：「我只要撒些果殼，再跟運動場上的靈溝通一下，那麼我們的球門就會釘牢，對手那邊卻會門戶洞開。」同一篇文章還引述非洲足球協會人員的話：「每一支非洲球隊都有隨隊巫醫。」(Thilo Thielke, "They'll Put a Spell on You: The Witchdoctors of African Football," *Der Speigel*, June 11, 2010.)

註10：特別感謝熟悉北歐神話的沙夏‧羅森（Sasha Rosen）。

註11：Andrew Dickson White, *A History of the Warfare of Science with Theology in Christendom*, Volume 1 (New York: D. Appleton and Co., 1903), 332.

註12：Mary Ann Cooper et al., Paul S. Auerbach, editor, "Lightning Injuries," Chapter 3, *Wilderness Medicine* (St. Louis: Mosby, 2007), 69.

註13：Curran, E.B., R.L. Holle, and R.E. López, "Lightning casualties and damages in the United States from 1959 to 1994" (*Journal of Climate*, volume 13, 2000), 3448-3464.

註15：二〇一一年十月二十六日電訪庫柏。也參考：Cooper MA, Andrews CJ, Holle RL: "Lightning Injuries," *Wilderness Medicine*, 87-90.

註16：*Life After Shock: 58 LS & ESVI Members Tell Their Stories* (Jacksonville, NC.: Lightning Strike and Electric Shock Victims International, Inc. 1996), Introduction.

註18：出自與布魯門撒來往的電子信件。也參考：Ryan Blumenthal et al., "Does a Sixth Mechanism Exist to Explain Lightning Injuries?" Volume 33, Issue 3, *The American Journal of Forensic Medicine and Pathology* (September 2012), 222-26.

註19：Ryan Blumenthal, "Secondary Missile Injury From Lightning Strike," Volume 33, Issue 1, *The American Journal of Forensic Medicine*

and Pathology (March 2012), 83-5.

註20：*Life After Shock*, 81.

第四章 霧

註 1：文字敘述參考自一九八三年加拿大廣播公司所製作關於查爾斯王子與黛安娜王妃造訪紐芬蘭島的線上影片：http://www.youtube.com/watch?v=H7qzSKYbpcY。這支影片已從YouTube上移除。

註 2：斯必爾角為北美最東端，這裡的北美並不包括格陵蘭。

註 3：二〇一二年七月於紐芬蘭斯必爾角採訪坎特威爾。也做過幾次電訪。

註 4：英文裡的smog（霾）是結合smoke（煙）和fog（霧）造出的字，專門用來形容倫敦的特有現象。

註 5："Pea-Soup Fog in London, New York's Worst Fog Does Not Approach It, A Dirty Yellowish Compound Which Makes Itself Felt Everywhere and by Everybody," *New York Times* (December 29, 1889).
英國大文豪狄更斯的《荒涼山莊》（*Bleak House*, 1853）以一段描寫倫敦濃霧的知名段落開場：「鋪天蓋地的霧。霧氣籠罩河的上游，那裡的河水流淌過翠綠河中島與草地；霧氣深入河流下游，那裡被染汙的河水翻滾在櫛比鱗次的船隻與偉大（又骯髒）城市的河岸汙物之間；霧氣盤繞在艾塞克斯的沼澤，也在肯特郡的高地；霧氣悄悄滲進雙桅橫帆運煤船的廚房裡；霧氣躺在帆桁上，也徘徊在大船的索具之間；霧氣從大平底船與小船的甲板邊緣飄蕩下來。霧氣飄入格林威治區老人院那些端坐爐火旁、氣喘咻咻的退休老人的眼睛與喉嚨裡；霧氣跑進在密閉艙房裡怒氣騰騰的船長午後抽過的菸管和菸斗裡，也無情地掐捏甲板上那渾身打顫的小學徒的腳趾與手指。橋上偶然走過的行人視線越過低矮欄杆、俯瞰下方天空似的霧氣。霧氣聚攏，那些人彷彿乘著氣球飛上天，掛在霧茫茫的雲層裡。」

註 6："London Fog Tie-up Lasts for 3rd Day," *New York Times* (December 8, 1952).

註 7："Thieves get $56,000 as Fog Grips London," *New York Times* (January 31, 1959).

註 8："Excursions Plane Crash Kills 28; 2 Survive in London Fog Disaster," *New York Times* (November1, 1950).

註 9："London Fog Tie-up Lasts for 3rd Day," *New York Times* (December 8, 1952).

註10："London has a Fog so Dense Funeral Procession is Lost," *New York Times* (December 19, 1929).

註11：Sue Black, Eilidh Ferguso, *Forensic*

Anthropology, (Boca Raton: CRC Press, 2011), 245.

註12：二〇一二年六月電訪鮑爾寧。

註13：二〇一二年六月電訪指揮官佛勒爾。

註14：聲波（傳送過固體、液體或氣體的振動）會反射；它們碰到固體會反彈。聲音也可以折射：聲波穿過空間時，方向會改變。聲音也會受溫度影響。一般來說，在最接近地球的對流層裡，溫度會隨著海拔增加而降低。由於聲音在溫暖空氣裡的移動速度比較快，聲音的速度因此會隨著海拔降低而減慢。賓州州立大學聲學系教授丹尼爾·羅素（Daniel Russell）表示：「這意味著當聲波靠近地面移動時，最接近地面那部分移動速度最快，離地面最遠那部分速度最慢。如此一來，聲波就會改變方向往上彎。這種現象會創造出聲波無法穿透的『聲影區』（shadow zone）。站在聲影區裡的人即使看得見聲音來源，也可能聽不見聲音。」

聲學家查爾斯·羅斯（Charles Ross）分析過美國內戰戰場上命令的決策與結果，想了解聲影現象在其中扮演何種角色。「早在電子與無線通訊普遍運用於戰場之前，戰場上的聲音是指揮官判斷戰況最迅速也最有效率的方法。」如果戰鬥的聲音被大氣因素扭曲了，指揮官就可能鑄下大錯，做出災難性的誤判。羅斯說，在一八六二年維吉尼亞州的七松之役（Battle of Seven Pines）裡，原本勝券在握的南方聯盟就因為聲影現象吃了敗仗，導致聯盟將軍喬瑟夫·強斯頓（Joseph Johnston）受傷，羅伯·李（Robert E. Lee）因此有機會崛起。強斯頓原本計畫三路進擊北軍將軍喬治·麥克萊倫（George MaClellan），可是當雙方激烈交戰時，他卻置身一片靜寂中，讓他誤以為雙方還沒開打。

據報南方聯盟進攻七松那天起了霧，而霧氣通常代表氣溫逆轉，也就是原本氣溫隨著海拔升高而下降的正常現象逆轉了。

羅斯：「當聲波的上層進入這樣的區域，它會加快速度，把整個聲波往回帶向地面……最終結果是，距離聲源比較遠的人反而聽得比離聲源近的人清楚。更詭異的是，如果向下折射的聲波從地面反射的力道夠強，它就可能重新彈起，再重複同樣的循環。這可能會在聲源周遭形成一圈聽得見、一圈聽不見的『靶心模式』（bull's eye pattern）。這些有聲無聲圈寬度可以達數英里。」

七松之役結束後，強斯頓將軍寫道：「由於大氣的某種特殊狀況，我們沒有聽見火槍的聲音，我於是延遲到下午四點才發進攻信號給史密斯將軍。」那時已為時已晚。

(See: Charles Ross, *Civil War Acoustic Shadows*, Shippenberg: White Mane Press, 2001, 24, 61-82. See also: "Outdoor Sound Propagation in the U.S. Civil War," Charles D. Ross, *Echoes*, Volume 9, No.1, Winter 1999.)

註15：湯姆·范德彼爾特（Tom Vanderbilt）在《開車經濟學》（Traffic）裡描述霧對行車的影響：
「當霧氣籠罩快速道路，往往容易造成多部車輛連環追撞的嚴重事故……大霧中的視線顯然欠佳，但真正的問題可能在於，視線其實比我們眼前所見的更差。原因在於我們對速度的感知會受到對比的影響……在迷霧中，車輛的對比降低了，更別提周遭的景物。我們身邊一切事物的移動速度看起來都比實際上來得緩慢，我們自己在景物中的前進速度好像也變慢了……諷刺的是，在大霧裡，駕駛人可能會覺得越靠近前車越有安全感，免得在霧氣裡『跟丟了』前車。只是，在感知混淆的狀態下，這恰恰是錯誤的舉動。」

(Tom Vanderbilt, *Traffic: Why We Drive the Way We Do*, New York: Alfred A. Knopf, 2008, 99.)

註16："Loss of the Arctic: Collision Between the Steamer and a Propeller of Cape Race, Probably Loss of Two to Three Hundred Lives," *New York Times* (October 12, 1854). This article cites an earlier *NYT* article (from 1850).

註17：David W. Shaw, *The Sea Shall Embrace Them* (New York: Free Press, 2002), 30.

註18："Sinking and Abandoned," James Dugan, *New York Times* (November 26, 1961).

註19：Shaw, 41.

註20：Shaw, 45-50.

註21：See: George H. Burn's statement in "Additional Particulars" sidebar, *New York Times* (October 11, 1854) and map in Shaw, 99.

註22：關於麥凱布、多利安、史密斯、本恩斯、卡涅根，以及史丁森等人的陳述：北極號船難發生後的幾天裡，《紐約時報》刊登了生還者的說詞與目擊者的證詞，本書摘錄的陳述經過篩選與整理。完整敘述請見："Loss of the Arctic: Collision Between the Steamer and a Propeller off Cape Race," *New York Times* (October 12, 1854) and "The Arctic: Important Details, Narrative of Capt. Luce, Dreadful Scenes on the Wreck," *New York Times* (October 17, 1954)

註23：Shaw, 145

註24：北極號出事時，船上究竟有多少人始終莫衷一是，大衛·蕭（David Shaw）在其著作《大海將擁他們入懷》（The Sea Shall Embrace Them）裡表示，某些數據可能沒有包含全部船員或隨他們登船的家屬。

第五章 風

註 1：二〇一二年十二月電訪奈雅德。

註2：二〇一三年奈雅德第五度挑戰，終於完成古巴到佛羅里達海泳壯舉。

註3：Diana Nyad, *Other Shores* (New York: Random House, 1978), 71.

註4：Peter Ackroyd, *Venice*, (New York: Nan Talese/ Doubleday, 2009), 24.

註5：Raymond Chandler, *Red Wind* (Cleveland: World Publishing Co., 1946).

註6：Herman Hesse, *Peter Camenzind*,(1904), Translated by Michael Roloff. (New York: Farrar, Straus, and Giroux, Inc., 1969), 191-92.

註7：十九世紀英國浪漫主義詩人薩繆爾‧柯立芝（Samuel Taylor Coleridge）曾經在詩作〈老水手之歌〉（Rime of the Ancient Mariner）裡描寫無風帶：
「日復一日，日復一日，
我們文風不動，停滯原處。
像畫作裡的悠閒船舶
躺在畫作裡的無邊汪洋。」

註8：Diana Nyad, "Father's Day," *The Score*, KCRW, (July 18, 2005).

註9：Diana Nyad, "The Ups and Downs of Life with a Con Artist," *Newsweek* (July 31, 2005).

註10：Homer, *The Odyssey*, translated by Robert Fagles (New York: Penguin Classics, 1996), 231.

註11：Ibid, 232-33.

註12：傳統上，體弱多病或沒有能力支付旅費的信徒可以例外。

註13：由於大清真寺在歷史與信仰上都具有重大意義，要改變它的樣貌不免引發爭議。大清真寺的變更計畫包括拆除某些歷史性結構，招來保護古蹟派的反對。批評者也抨擊大清真寺周邊的商業化現象，他們說，飯店、豪華公寓、高級精品連鎖店陸續進駐，古蹟遭受破壞，山巒風光橫遭阻擋，聖地淪為另一個商業化、庸俗化的拉斯維加斯。近期針對這些議題所做的許多文章與評論之一是：Ziauddin Sardar's "The Destruction of Mecca," *New York Times* (September 30, 2014).

註14：二〇一三年與一四年電訪戴維斯。

第六章 高溫

註1：Max A. Moritz et al., "Climate Change and Disruptions to Global Fire Activity," *Ecosphere*, volume 3, Issue 6 (June 2012).

註2：Felicity Ogilvie, "Bushfires intensifying as they feed climate change, scientist warns," *The World Today*, Australian Broadcasting Channel Online (April 24, 2009).

註3：二〇一四年三月電訪鮑曼。

註4：陳述取自多方來源，包括：Ehud Zion Waldoks, "2010 was hottest year in Israel's recorded history," *Jerusalem Post* (January 3, 2011).

註5：Ethan Bronner, "Suspects Held as Deadly Fire Rages in Israel for Third Day," *New York Times* (December 4, 2010).

註6：Anshel Pfeffer, Barak Ravid and Ilan Lior, "Major Carmel Wildfire Sources have been Doused, Firefighters Say," *Haaretz* (December 5, 2010).

註7：Yonten Dargye, "A Brief Overview of Fire Disaster Management in Bhutan," National Library, Bhutan (2003). See also: Kencho Wangmo, "A Case Study on Forest Fire Situation in Trashigang, Bhutan," *Sherub Doeme: The Research Journal of Sherubtse College* (2012).

註8："Event Report: Forest/Wild Fire in Bhutan," *The Hungarian National Association of Radio Distress-Signalling and Infocommunications Emergency and Disaster Information Service* (January 25, 2013).

註9："Forest Fire," Department of Forests and Park Services, Ministry of Agriculture and Forests, Royal Government of Bhutan (2009).

註10：David Hollands, *Eagles, Hawks, and Falcons of Australia* (Melbourne: Thomas Nelson, 1984), 36.

註11：Stephen J. Pyne, *Burning Bush: A Fire History of Australia* (New York: Henry Holt and Company, 1991).

註12：Ibid, 32.

註13：See: Kevin Tolhurst, "Report on the Physical Nature of the Victorian Fires Occurring on the7th of February," *2009 Victorian Bushfires Royal Commission*, (Parliament of Victoria, Australia, 2009). See also: "Conditions on the Day," *The 2009 Victorian BushfiresRoyal Commission*, Final Report, Volume IV (Parliament of Victoria, Australia, 2009).

註14：Marc Moncrief, "Worst day in History," *The Age* (February 6, 2009).

註15：以下文章中亦包括現場照片。Kevin Tolhurst, "Report on the Physical Nature of the Victorian Fires Occurring on the 7th of February."

註16："Inside The Firestorm," Australian Broadcasting Channel (February 7, 2010).

註17：Jim Baruta, Ibid. Seealso: Jim Baruta's Witness Statement, *2009 Victoria Bushfires Royal Commission*.

註18：Interview with Glen Fiske, "Inside The Firestorm."

註19：Daryl Roderick Hull, Witness Statement, *2009 Victorian Bushfires Royal Commission*.

註20：Kate Galbraith, "Wildfires and Climate Change,"

New York Times (September 4, 2013).

註21：Xu Yue, Loretta Mickley et al., "Ensemble projections of wildfire activity and carbonaceous aerosol concentrations over the western United States in the mid-21st century," *Atmospheric Environment*, volume *77* (2013).也出自：二〇一四年四月與蘿瑞塔·米克利（Loretta Mickley）的電訪與來往電子郵件。

註22："Wildfires and Russian Bureaucracy: Perfect Combination," *Pravda.ru*, English edition (August 3, 2010).

註23：此處的「西伯利亞」指的是那塊長期以來普遍被稱為「西伯利亞」的區域（亦稱「北亞」），而非二〇〇〇年俄羅斯總統下令成立、範圍較小的西伯利亞聯邦行政區。

註24："Satellite images show wildfires hugging Lake Baikal as army use drones to monitor 2013 blazes," *The Siberian Times* (May 11, 2013).

註25："Wildfires and Russian Bureaucracy: Perfect Combination," *Pravda.ru*, English edition (August 3, 2010).

註26："State of Emergency Declared Due to Fires in Eastern Regions," *The St. Petersburg Times* (June 18, 2012).

註27："As Wildfires Rage, the Russian Government Heads East to Battle the Crisis," *The Siberian Times* (August 6, 2012).

第八章 主控權

註1：Jon Chol Ju, "Fascinating Frostwork," *Rodong. rep.kp* (December 1, 2010).

註2："Unforgettable Last Days of Kim Jong Il's Life," *KCNA* (December 21, 2011).

註3：蘇聯文件記載金正日的出生地為西伯利亞，而非白頭山。

註4："KCNA Detailed Report on Mourning Period for Kim Jong Il," *KCNA* (December 30, 2011).

註5：*Rodong.rep.kp* (December 25, 2011).

註6：*Rodong.rep.kp* (December 30, 2011).

註7：Mark W. Harrington, "Weather Making, Ancient and Modern," *National Geographic*, Volume 6 (April 25, 1894), 35-62.

註8：Fagan, 50.

註9：「小冰河期」一詞是冰河地質學家弗朗索瓦·馬泰（François Matthes）一九三九年新創的詞，至於它的時間起始，學者意見紛歧。布萊恩·費根在《小冰河期》（*The Little Ice Age*）一書中回溯格陵蘭與北極的降溫現象乃始於西元一二〇〇年，低溫悄悄蔓延到歐洲則是發生在一三〇〇年左右。(Fagan, *The Little Ice Age: How Climate Made History*: 1300-1850. New York: Basic Books, 2000.)其他學者則傾向縮小時間範圍，認為時間是界於十七世紀末到十九世紀

中葉。

註10：Fagan, 28.

註11：Emily Oster, "Witchcraft, Weather and Economic Growth in Renaissance Europe," *Journal of Economic Perspectives*, Volume 18, Number 1 (Winter 2004), 216

註12：新教與世俗的法庭也處決「女巫」。See: Teresa Kwiatkowska's "The Light was Retreating Before Darkness: Tales of the Witch Hunt and Climate Change," *Medievalia 42* (2010) and *Wolfgang Berhinger's Witches and Witch-Hunts: A Global History* (Malden, MA: 2004).

註13：Sentinel Staff, "Orlando Rainbow Flags Bring New Attack," *Orlando Sentinel* (August 7, 1998).

註14："Superstorm Sandy and many more disasters that have been blamed on the gay community," *Guardian* (October 30, 2012).

註15：Brian Tashman, "Religious Rabbi Blames Sandy on Gays, Marriage Equality," *Right Wing Watch* (October 31, 3012).

註16：Edward Miguel, "Poverty and Witch Killing," *Review of Economic Studies* (2005), 1153-1172.

註17：二〇一二年二月電訪特蘭戈夫。也參考：Trengove E., Jandrell I. R., "Lightning and witchcraft in southern Africa," *2011 Asia Pacific International Conference on Lightning, Chengdu, China* (November 2011).

註18：二〇一二年二月電訪特蘭戈夫。

註19：Edmond Mathez, *Climate Change* (New York: Columbia University Press, 2009), 279.

註20：IPCC, 2013: Summary for Policymakers. In: *Climate Change 2013: The Physical Science Basis. Contribution of Working Group I to the Fifth Assessment Report of the Intergovernmental Panel on Climate Change* [Stocker, T.F., D. Qin, G.-K. Plattner, M. Tignor, S.K. Allen, J. Boschung, A. Nauels, Y. Xia, V. Bex and P.M. Midgley(eds.)]. Cambridge University Press, Cambridge, United Kingdom and New York, NY, USA.

註21：許多研究都提出類似論調，包括〈二〇一四年國家氣候評估報告〉（National Climate Assessment），內文指出美國面臨「越來越頻繁且強烈的極端高溫，導致高溫相關疾病與死亡。時日一久，更會加劇乾旱與野火風險，空氣汙染也會更嚴重。越來越頻繁的極端降雨與隨之而來的洪災會造成傷亡，海洋與淡水相關傳染病也會增加；海平面上升則會增加海水倒灌或暴風危機。」Jerry M. Melillo, Terese (T.C.) Richmond, and Gary W. Yohe, eds., *Climate Change Impacts in the United States: The*

Third National Climate Assessment (Washington, DC: U.S. Global Change Research Program, 2014), 15.

註22："Quadrennial Defense Review Report," (Washington DC: United States Department of Defense, February 2010), 84-54.

註23：科學家基斯認為，「地球工程」這個詞不夠理想。「首先，你得區分清楚這兩種偶爾被稱為地球工程的東西，我覺得它們之間沒有任何關聯。其一是改變太陽光的量，或稱太陽輻射管理……在我看來，太陽輻射管理與減碳之間毫無關係，正如這二者跟其他我們針對氣候變遷可能採取的作為也不太相關——比如減少廢氣排放、調整或環境保護。所以，我認為這不是孰優孰劣的問題，只是，從地球工程本身的體系或相關政策的考量角度來看，它們之間沒有任何關係。我們用同一個詞表達不同的兩件事，我覺得不恰當。」

註24：二〇一二年四月電訪米佛德。

註25：Jeff Goodell, *How to Cool the Planet* (Boston: Houghton Mifflin Harcourt, 2010), 13.

註26：二〇一二年五月於紐約採訪皮爾森。即使受保護的土地也面臨挑戰，皮爾森仍相信「我們有充足理由可以相信，那些受到保護的區域會是未來一個世紀裡最有機會維持生物多樣性的地區。透過降低氣候以外的威脅，公園與保留地的生態系統可以擁有多元物種與健全生物數量。我們都知道，具多樣性的生態系統對氣候變遷有更高的耐受力。」（Pearson, *Driven to Extinction: The Impact of Climate Change on Biodiversity* (New York: Sterling, 2011), 210.）

註27：此處的圓桌會議只是想像畫面。這裡引用的言論是從與米佛德、馬里斯、羅巴克、基斯等人的訪談以及不同書面資料整理而來。

註28：Emma Marris, *Rambunctious Garden* (New York: Bloomsbury, 2011), 2.

註29：二〇一二年七月電訪羅巴克。

註30：Elizabeth Kolbert, "Hosed," *The New Yorker* (November 16, 2009).

註31：二〇一二年四月電訪米佛德。

註32：David Keith quoted in Goodell, *How to Cool the Planet*, 45. See also: Thomas Homer-Dixon and David Keith, "Blocking the Sky to Save the Earth," *New York Times* (September 19, 2008).

註33：二〇一四年一月電訪馬里斯。

第九章 戰爭

註 1：Seymour Hersh, "Rainmaking Is Used As Weapon by U.S.," *New York Times* (July 3, 1972).

註 2：Ibid.

註 3：Bruce Lambert, "Vincent J. Schaefer, 87, Is Dead; Chemist Who First Seeded Clouds," *New York Times* (July 28, 1993).

註 4："Thinking Outside the Cold Box: How a Nobel Prize Winner and Kurt Vonnegut's Brother Made White Christmas on Demand, GE Reports, December 27, 2011.此處提及的影片可在以下連結觀賞：www.gereports.com/thinking-outside-the-coldbox/（此影片並未標示拍攝時間，但片中提到「去年十一月」種下第一朵雲，因此可推算拍攝時間可能是一九四八年。）

註 5：Ibid.

註 6："Weather Control Called 'Weapon,'" *New York Times* (December 10, 1950).

註 7：Seymour Hersh, "Rainmaking Is Used As Weapon by U.S."

註 8：也參考：詹姆斯‧弗雷明（James Fleming）在其著作《操縱天空》（*Fixing the Sky*）中也提到了早期將天氣做為武器使用的例子：一九五〇年韓國的種雲行種，以及一九五四年法國在越南的造雨行動。（James Fleming, *Fixing the Sky*, New York: Columbia University Press, 2010. 182.）

註 9：Seymour Hersh, "Weather as Weapon of War," *New York Times* (July 9, 1972).

註10：Seymour Hersh, "Rainmaking Is Used As Weapon by U.S."

註11：一九七四年，國防部副助理杜林在國會作證時承認，連他自己都是看到記者傑克‧安德森一九七一年刊在《華盛頓郵報》的專欄文章，才得知種雲計畫。

註12：二〇一三年七月於德州米德蘭市採訪利文斯登，並於二〇一三年及一四年電訪。

註13："Weather Modification," Top Secret hearing, Washington, DC: Unites States Senate, *Subcommittee on Oceans and International Environment of the Committee on Foreign Relations* (March 20, 1974, made public May 19, 1974.)

註14：碘化銀彈匣的安裝位置不盡相同。

註15：利文斯登指出：「一九六六年我們基地在峴港，一九六七年在泰國的烏隆府。」

註16：Jack Anderson, "Air Force Turns Rainmaker in Laos," *Washington Post* (March 18, 1971).

註17："Modifying the Weather: A Stormy Issue," Letter to the Editor, *New York Times* (July 10, 1972).

註18：Paul Bock, "Outlaw the Martial Rainmakers," Letter to the Editor, *New York Times* (July 18, 1972).

註19：聽證會紀錄稿中一來一往的問答似乎在暗示，這個計畫之所以保密，可能是因為它的成效不被看好。

註20：Seymour Hersh, "Rainmaking Is Used As Weapon by U.S."

註21：Col Tamzy J. House et al., "Weather as a Force Multiplier: Owning the Weather in 2025," (August 1996).

註22：作家愛德華・貝拉米（Edward Bellamy）認為，經過改造的天氣是理想社會的組成要件。貝拉米的十九世紀暢銷書《回顧》（*Looking Backward*）中的主角朱利安・威斯特一八八七年在波士頓接受催眠入睡，二〇〇〇年在烏托邦波士頓醒來。發現威斯特的是李特醫生，在接下來的篇幅裡，威斯特在李特醫生和他那迷人的女兒伊迪絲的引導下，慢慢認識新的千禧年。伊迪絲「經過修飾的細緻妝容」與「充沛的活力」是威斯特適應未來生活過程中一大慰藉。威斯特訴說了十九世紀晚期的階級鬥爭與不平等。李特父女歡迎他來到一個安祥和諧、物資共享的富足社會。天氣從來不是困擾。威斯特描述小鎮的某個夜晚：

「白天來了一場強烈暴風雨，我推斷街道上想必一片狼籍，我的東道主可能必須放棄出門吃晚餐的念頭，雖然據我所知那家餐廳距離並不遠。」教我吃驚的是，晚餐時間一到，女士們已經盛裝打扮準備出門，既沒穿雨鞋，也沒帶雨傘。

「我們來到街上時，謎底這才揭曉。街道已經放下接連不斷的防水遮罩，人行道完全被覆蓋，變成照明充足又乾爽的廊道，路上衣著體面出門用餐的紳士淑女們川流不息。原本街道的角落也都遮蔽妥當。我告訴走在我身旁的伊迪絲，我那個時代的波士頓一遇暴風雨來襲，人們除非打傘或穿雨靴、全身裹得密不透風，否則根本出不了門，她興致高昂地聽著這種聞所未聞的事。『那時候沒有人行道遮篷嗎？』她問。

「我說，有，可是很分散，完全沒有系統，都是私人搭建。她說，如我所見，這個時代所有的街道都具備了遮風蔽雨的功能，那些設施不用的時候都收捲起來。她表示，讓天氣影響到人們的社交活動實在是愚蠢至極。」

Edward Bellamy, *Looking Backward* (Cambridge: Houghton, Mifflin, 1887).

註23："Special Report: The roles of the Bureau of Royal Rainmaking and Agricultural Aviation," *Thai Financial Post* (March 1, 2013).

註24：Jonathon Watts, "China's largest cloud seeding assault aims to stop rain on the national parade," *Guardian* (September 23, 2009).

註25：Jonathon Watts, "China's largest cloud seeding assault aims to stop rain on the national parade," *Guardian* (September 23, 2009).

註26：二〇一四年美國《科學人》雜誌（*Scientific American*）報導指出，新的數據蒐集技術與更成熟的分析方法，為種雲效果提供佐證：「全新的

衛星與雷達技術，加上功能更強大的電腦，增加了碘化銀種雲的可信度。」

註27：Waylon A. (Ben) Livingston, *Dr. Lively's Ultimatum* (New York: iUniverse, Inc., 2004), 159.

註28：Waylon A. (Ben) Livingston, *Dr. Lively's Ultimatum*, 248.

第十一章 玩樂

註1：Cited in John Lubbock, *The Use of Life*, (New York: MacMillon and Co., 1895), 69.

註2：「如果颶風即將摧毀紐約市」和「給剛剛在蘇活區避難中心遇見的妳」這兩則分類廣告剛登上Craigslist，我就將它們擷取下來。目前該網站已經找不到這兩則廣告。「感覺會有多麼火辣」這則廣告則是登在Buzzfeed。

註3：二〇一二年四月於紐約採訪諾瑞爾。

註4：thames.me.uk網站給這首詩下的註腳是：「M. Haly與J. Millet印刷，羅伯特・華爾特（Robert Waltor）在聖保羅大教堂北側，靠近勒德門那端的環球劇場（The Globe）銷售。你可以在那裡買到大小與類別各異的地圖、書籍和版印作品，除了有英文版外，也有義大利文、法文、荷蘭文等版本。皇家交易所西側的約翰・塞勒（John Seller）也有販售。一六八四年。」

註5：Adam Nicholson, "Whipping up a storm over the BBC shipping forecast sacking," *Guardian* (September 15, 2009).

註6：Truman Capote, "Miriam," *Mademoiselle* (June 1945).

註7：Charles Cowden Clarke, "Adam the Gardener," *The Monthly Repository*, Volume 8 (London: Effingham Wilson, 1834), 103.

註8：I.J. Bear and R.G. Thomas, "The Nature of Argillaceous Odour," *Nature* (March 7, 1964).

第十二章 預報

註1：查爾斯・葛洛布是我外公，蘿冰是我母親。

註2：John M. O'Toole, Tornado! *84 Minutes, 94 Lives*, (Worcester: Data Books, 1993).在二〇一一年密蘇里州賈普林鎮龍捲風發生以前，伍斯特郡龍捲風是美國史上奪走最多人命的龍捲風。

註3：美國國家研究委員會一項研究發現，當地氣象偵察機與紐約州北部的奇異公司實驗室的氣象學家也預測伍斯特郡可能出現龍捲風，卻未能及時向民眾示警。參考自：William Chittock, *The Worcester Tornado* (Bristol, RI: Self-published pamphlet, 2003), 12-13.

註4：二〇一一年十一月於新罕布夏州都柏林鎮採訪黑爾。也參考：Judson Hale, *The Best of The Old Farmer's Almanac: The First 200 Years* (New York: Random House, 1992), 46.

註5：Richard Anders, "Almanacs," americanantiquarian.org/almanacs.htm.

註6：Judson Hale, *The Best of The Old Farmer's Almanac*, 43-4.

註7：Robb Sagendorph, *Old Farmer's Almanac* (Dublin, NH: Yankee Publishing, 1949), cited by Hale, *The Best of The Old Farmer's Almanac*, 43.

註8："Old Faithful Goes Out on a Limb," *Life* (November 18, 1966).

註9：Ibid.

註10：每一期的《老農民曆》裡都會出現這句話：「我們如何預測天氣。」

註11：Robb Sagendorph, "My Life With the Old Farmer's Almanac," *American Legion Magazine* (January 1965), 26.

註12：也有其他農民曆出版商聲稱林肯採用的是他們的版本，但黑爾說：「只有我們這本農民曆提到八月二十九日命案當晚『月亮低垂』。你去看看那年的其他農民曆，沒有人特別提到八月二十九日的天象。」
美國畫家諾曼‧洛克威爾（Norman Rockwell）在作品〈辯護中的林肯〉（Lincoln for the Defense）中描繪了法庭場景。在這幅畫裡，阿姆斯壯坐在被告席，低著頭，戴著手銬，十指交握，彷彿在祈禱。穿著白上衣、白長褲的林肯在偏長的直幅構圖裡主宰前景，面容緊繃，右手握拳，左手拿著一副眼鏡和一八五七年的《老農民曆》。

註13：關於以氣象「徵兆」取代氣象「預報」這件事，黑爾說：「那都是文字遊戲，我們並沒有改變任何資訊。在一九四四年那個年代，根本沒有真正的氣象預報。」

註14：黑爾：「我有個朋友去到亞歷山大大帝做了這事或那事的地點，幫我帶了幾顆石頭回來。」

註15：二〇一一年十一月於奧克拉荷馬州諾曼市採訪布魯克斯，並於二〇一二年電訪。

註16：Kenneth Chang, "Edward N. Lorenz, a Meteorologist and a Father of Chaos Theory, Dies at 90," *New York Times* (April 17, 2008).

註17：關於這些事件以及更多與羅倫茲相關的資料與著作，請參考：James Gleick's Chaos: *The Making of a New Science* (New York: Vintage, 1987).

註18：Ibid.

註19：Edward Lorenz, *The Essense of Chaos* (Seattle: University of Washington Press, 1995), 182.

註20：Kenneth Chang, "Edward N. Lorenz, a Meteorologist and a Father of Chaos Theory, Dies at 90," *New York Times* (April 17, 2008).

註21："What Is a Good Forecast?": Allan H. Murphy, "What is a Good Forecast? An Essay on the Nature of Goodness in Weather Forecasting," *American Meteorological Society* (June 1993).

註22：二〇一一年十一月至奧克拉荷馬州諾曼市採訪卡爾賓，並於二〇一二、一三、一四年陸續電訪。

註23：Nate Silver, *The Signal and The Noise* (New York: Penguin Press, 2012), 135.

註24：二〇一一年十一月至奧克拉荷馬州諾曼市採訪史密斯。

註25：針對民俗氣象預言者，布魯克斯說：「大多數民間傳說都是長期觀察所得。所以真正的問題在於：你是否明白那些徵兆是在什麼樣的條件下觀察到，它們又適不適合你採用？『日落紅天（水手歡顏；破曉彤雲，水手憂慮）』就是典型例子。觀察者主要察看清晨日出時分和午後的雲層狀況，而天氣系統是由西向東移動，中緯度地區正是如此。所以，你如果在上午看到厚厚的雲層從西邊飄過來，代表風暴接近。如果夕陽清晰可見，天空泛紅，大批雲朵往東方飄去，天空越來越清朗，就會有好天氣。好，那麼你現在把這種可能性反轉過來，再把自己放在佛羅里達州東岸，傍晚時看到紅霞滿天，這時雲層在你的東方。時間是九月，這些現象告訴你的是，颶風迫近，情況不妙。因為你不在由西往東的天氣系統裡。事實就這樣：大部分口耳相傳的知識都是從許多觀察累積而來，當你處在非典型狀態下，套用那些知識就可能錯得離譜。」

註26：Allan H. Murphy, "What is a Good Forecast? An Essay on the Nature of Goodness in Weather Forecasting," *American Meteorological Society* (June 1993).
一九四四年，同盟國對六月六日這天所做的氣象預報，正是所謂的「優良」預報的反證。布魯克斯：「如果你回頭去看看諾曼第登陸那天的天氣預報，同盟國的預報顯示天氣條件很適合發動攻擊。關鍵問題在於浪有多高，登陸時又有多少軍艦會迷失方向。德軍的預報認為海浪會太高，入侵乃不智之舉。雙方都自認自己的預報才正確。結果，德軍的預報似乎比較準確。海浪高於同盟國認定適合登陸的高度，德軍猝不及防，因為他們心想：『這種鬼天氣有誰會來入侵？』當時德國陸軍統帥埃爾溫‧隆美爾（Erwin Rommel）回家幫太太慶生，而他是希特勒之外唯一有權啟動防禦系統的人。如果德軍預報不那麼準確，他們或許會嚴陣以待。如果同盟國的預報再準確些，他們可能會想：『喔，不值得冒那個險，我們死傷會太嚴重。』同盟國應該為自己預報失準感到開心。」
以諾曼第登陸氣象預報為例，低品質（準確度）代表高價值（對使用者有益）——至少對同盟國聯軍而言是如此。

註27：二〇一二年十二月電訪史坦柏格。

註28：根據《老農民曆》網頁記載：「都柏林社區教會建於一八五二年，卻在一九三八年的一場颶風中招致惡名，因為強風猛力折斷教堂尖塔，捲向空中，再刺進教堂屋頂。」

國家圖書館出版品預行編目（CIP）資料

雷與電：天氣的過去、現在與未來 / 蘿倫·芮德妮斯(Lauren
Redniss)著；陳錦慧譯. -- 初版. -- 臺北市：商周出版：家庭
傳媒城邦分公司發行, 2016.12
    面；　公分. -- (科學新視野；132)
譯自：Thunder & lightning : weather past, present, future
ISBN 978-986-477-152-3(平裝)

1.氣象 2.氣候

328   105021804

科學新視野 132

雷與電：天氣的過去、現在與未來

作　　　者／蘿倫·芮德妮斯（Lauren Redniss）
譯　　　者／陳錦慧
企 畫 選 書／羅珮芳
責 任 編 輯／羅珮芳

版　　　權／林心紅、翁靜如、吳亭儀
行 銷 業 務／張媖茜、黃崇華
總 　編 　輯／黃靖卉
總 　經 　理／彭之琬
發 　行 　人／何飛鵬
法 律 顧 問／台英國際商務法律事務所羅明通律師
出　　　版／商周出版
　　　　　　台北市 104 民生東路二段 141 號 9 樓
　　　　　　電話：（02）25007008　　傳真：（02）25007759
　　　　　　Email：bwp.service@cite.com.tw
發　　　行／英屬蓋曼群島商家庭傳媒股份有限公司城邦分公司
　　　　　　台北市中山區民生東路二段 141 號 2 樓
　　　　　　書蟲客服務專線：02　25007718；25007719
　　　　　　服務時間：週一至週五上午 09:30-12:00；下午 13:30-17:00
　　　　　　24 小時傳真專線：（02）25001990；25001991
　　　　　　劃撥帳號：19863813；戶名：書蟲股份有限公司
　　　　　　讀者服務信箱：service@readingclub.com.tw
　　　　　　城邦讀書花園：www.cite.com.tw
香港發行所／城邦（香港）出版集團
　　　　　　香港灣仔駱克道 193 號東超商業中心 1F　　Email：hkcite@biznetvigator.com
　　　　　　電話：（852）25086231　　傳真：（852）25789337
馬新發行所／城邦（馬新）出版集團【Cite（M）Sdn Bhd】
　　　　　　41, Jalan Radin Anum, Bandar Baru Sri Petaling,
　　　　　　57000 Kuala Lumpur, Malaysia.
　　　　　　電話：（603）90578822　　傳真：（603）90576622
　　　　　　Email：cite@cite.com.my

封 面 設 計／廖韡
內 頁 排 版／陳健美
印　　　刷／中原造像股份有限公司
經　　　銷／聯合發行股份有限公司
　　　　　　地址：新北市 231 新店區寶橋路 235 巷 6 弄 6 號 2 樓
　　　　　　電話：（02）2917-8022　　傳真：（02）2911-0053

■2016年12月29日初版   Printed in Taiwan
定價850元

城邦讀書花園
www.cite.com.tw

作者簡介：
蘿倫‧芮德妮斯（Lauren Redniss）

作品有《世紀女孩：百歲女舞者桃樂絲‧特拉維斯》
（*Century Girl: 100 Years in the Life of Doris Eaton Travis, Last Living Star of the Ziegfeld Follies*）與《居禮夫婦：一個關於愛與原子塵的故事》
（*Radioactive: Marie & Pierre Curie, A Tale of Love and Fallout*），後者入圍美國國家圖書獎決選。
現任教於帕森新設計學院。

譯者簡介：
陳錦慧

加拿大Simon Fraser University教育碩士。曾任平面媒體記者十餘年，現為自由譯者。譯作：《山之魔》、《骨時鐘》、《製造音樂》等二十餘冊。
賜教信箱：c.jinhui@hotmail.com